LE LIVRE

DES

HABITANTS DES CAMPAGNES

DEUXIÈME PARTIE

PETITE BIBLIOTHÈQUE

Sous la direction de M. l'Abbé Mullois

Manuel de charité	1 f.	»
Le Livre des classes ouvrières	»	40
Le Dimanche au peuple	»	15
Le Dimanche aux riches	»	75
Les Offices de l'Église, beau volume	4	»
Histoire populaire de la guerre d'Orient, 4 séries. La série	1	»
Pensées d'Humbert, avec un trait après chaque chapitre	4	50
Histoire de l'Église continuée jusqu'à nos jours	1	»
La Probité	»	25
Histoire populaire de la Révolution	»	75
Histoire populaire de Napoléon Ier	1	»
Doctrine chrétienne	1	»
Le Livre des familles	2	50
Recueil d'exemples et de beaux traits	1	»
La Charité et la misère à Paris, 3 vol. Le vol.	1	»
Petit Dictionnaire des plantes médicinales	»	50
Petit Mois de Marie	»	25
La Charité aux enfants	»	50
Almanach populaire pour 1858	»	25

(On donne 15/12, 80/50, 175/100, 600/300.)

Encyclopédie populaire. 2 vol. gr. in-8 à 2 col.	7	50
Abrégé de l'histoire de la guerre d'Orient 1 beau vol.	1	»
Industries du zèle sacerdotal. 2 vol. Le vol.	1	25
Une Vie de saint pour chaque jour de la semaine	1	»
Petit Chemin de la croix	»	15
Petite Vie du Père de Ravignan	»	15

Remises considérables quand on prend ces ouvrages par douzaine.

S'adresser à M. Émile PONCE, gérant de la *Bibliothèque de tout le monde,* rue de l'Université, 12.

Imprimerie de L. TOINON et Cie, à Saint-Germain.

LE LIVRE

DES

HABITANTS DES CAMPAGNES

DEUXIÈME PARTIE

PAR M. L'ABBÉ MULLOIS

PREMIER CHAPELAIN DE LA MAISON DE L'EMPEREUR

PARIS

ÉMILE PONGE, GÉRANT

DE LA *BIBLIOTHÈQUE DE TOUT LE MONDE*

12, RUE DE L'UNIVERSITÉ

PÉRIS, RÉGIS-RUFFET, Sr
38, rue Saint-Sulpice.

LYON,
Même Maison, rue Mercière, 49.

1863

LE LIVRE

DES

HABITANTS DES CAMPAGNES

CHAPITRE Ier

AUX HABITANTS DES CAMPAGNES

On a beaucoup écrit pour les habitants des villes, pour ce qu'on appelle les *messieurs;* très-peu pour les habitants des campagnes; pourquoi n'auraient-ils pas aussi leurs livres et même leurs bibliothèques? Grâce à Dieu, ils savent lire, et ce n'est ni le bon sens ni le cœur qui leur manquent pour comprendre; ils sont dignes du plus vif intérêt : ce sont eux qui donnent du pain à la France. Ils sont plus de vingt-cinq millions : c'est la force vitale de la patrie, c'est là que se conserve la séve du vieux sang français et chrétien qui vient trop souvent se détériorer dans nos villes; ne sont-ce pas leurs fils et leurs pères qui, en grande partie, ont porté si haut le drapeau et la gloire de la France? ne sont-ce pas eux qui peuplent de prêtres le sanctuaire de

Dieu, donnent des prêtres à l'Eglise et des apôtres à la charité ?

Depuis longtemps j'avais l'intention d'écrire un livre pour les habitants des campagnes ; on m'y a souvent exhorté ; on m'a reproché d'avoir beaucoup écrit pour les habitants des villes, et de n'avoir rien écrit de spécial pour eux ; on a eu raison. Je me le reprochais moi-même ; je désirais le faire, je l'aurais voulu ; mais, d'un côté, j'en étais toujours empêché ; de l'autre, j'hésitais. C'est effrayant d'écrire pour une vaste masse d'hommes.

Néanmoins, je cède à mon désir ; je leur demande la permission de venir m'asseoir au milieu d'eux, au coin de leur foyer, et de causer cordialement avec eux.

Dans ce petit livre, nous allons parler de tout ce qui les intéresse, d'eux, de leur famille, de leurs travaux, de leurs souffrances, de leur vie, de leurs vertus, et aussi de leurs défauts ; car ils ne se fâcheront pas, j'en suis sûr, je les connais bien, si je commence par leur dire qu'ils ne sont pas parfaits ; ils ont trop de justice pour cela ; ils ne sont pas les ennemis de la vérité, ils ne détestent pas la vérité, qui les aime, qui leur fait venir le sourire sur les lèvres et qui leur fait dire tout bas : *Pourtant il a raison*. C'est comme cela que je veux parler ; ce sera une causerie simple, aimable, comme il convient entre gens qui se connaissent et qui s'aiment ; car, au milieu d'eux, je ne serai nullement en pays étranger. Fils d'un humble cultivateur, passant chaque semaine quelques jours au milieu de petits orphelins de Paris dont je voudrais faire de bons ouvriers des champs, je retrouverai là des souvenirs de *mon jeune temps*, comme on dit ordinairement, et pas des moins bons moments de mon existence.

Pour faire un bon cultivateur, il faut de la terre, deux bons bras intelligents et un bon cœur. Un autre, plus habile dans ces matières, a traité de la terre et des bras ; à moi donc le cœur et aussi les bras en partie ; car c'est du cœur que leur vient la force ; quand le cœur n'y est pas, *les bras tombent*, suivant une expression consacrée ; ici, comme ailleurs, c'est le cœur qui fait tout.

Du cœur, il y en a certes sous la blouse et la veste ; il y en sous cet extérieur quelque peu dur, sous ces traits bronzés par les fatigues, par les feux du soleil ou les rigueurs de l'hiver ; percez cette couche raboteuse ; écartez mille petites passions, et là vous trouverez un vrai trésor. Il y a de la charité, de la compassion, de la patience, du dévouement, uu amour profond de la justice, une âme plus morale et plus religieuse. En général, on n'est pas assez juste pour les habitants des campagnes ; on s'en tient trop à l'écorce ; il leur reste encore une foi riche, un fonds de droiture et de bon sens, quoique les erreurs et les vices des villes soient venus déteindre sur eux. On est tout étonné de rencontrer une maturité que l'on trouve rarement chez l'homme de la ville. Vous sentez là un être qui pense ; à la ville vous ne voyez souvent qu'un oiseau bien appris qui répète... Il est vrai, ils ne sont pas mal crédules ; mais qui ne l'est un peu en France ? la crédulité fait si bon ménage avec la malice et la légèreté !

Enfin, ils donnent du pain à la France ; on ne leur en sait pas assez de gré... Du pain, cela nous paraît chose si vulgaire, si prosaïque ! on aura toujours bien un morceau de pain ; on le traite avec assez de sans-façon. Oh ! si on savait ce que c'est que du pain ! si on savait donc ce que c'est que d'avoir faim ! Sans pain, que feriez-vous ? On parle sans cesse de progrès, de civilisation, de développement de l'industrie, de talent, de chefs-d'œuvre, de génie ! qu'est-ce que tout cela sans un morceau de pain ? Prenez l'homme le plus capable, le plus heureusement doué : il est bon, poli, il a un cœur excellent ; l'étincelle du génie brille sur son front. Laissez-le un jour sans pain... allez le trouver le lendemain, vous ne voyez plus qu'un être sombre, stupide, d'une souveraine incapacité ! Retournez le jour d'après, la rage brille dans ses yeux, la colère, comme un frisson, court dans toutes ses veines. Essayez de raisonner, de faire un appel aux nobles sentiments. — Avant tout, répond-il, donnez-moi du pain ! Parlez de force, menacez; il se moque de vos menaces et vous dit, avec un raisonnement infernal : — Mieux vaut mourir d'une balle que de mourir de faim! Eh bien! c'est de l'homme des champs que la Providence se sert pour donner à la France le pain quotidien. En un mot, le bien qui est encore dans nos campagnes, le bien qui pourrait y être se montre dans un grand fait : notre armée d'Orient était presque entièrement composée d'hommes des champs, de fils d'ouvriers et de cultivateurs; eh bien! on a frappé sur ces cœurs, et il en est sorti des trésors de foi et d'abnégation, d'héroïsme.

J'ai dit le bien, je ne dois pas taire le mal à mes frères des champs; il y en aurait beaucoup à dire. J'ai à me plaindre de vous de ce que vous n'aimez pas assez votre position sociale; de ce que vous allez vous faire dévorer corps, âme et bourses aux grossières jouissances ! au vin, aux colifichets du luxe, aux dettes, aux usuriers, et même aux procès. Beaucoup portent envie aux autres professions et rougissent presque de la leur. Chose étrange ! dans toutes les professions on est fier d'être ce que l'on est. Le soldat ne voit rien de mieux sur la terre que l'état militaire, tous ceux qui ne portent ni sabre ni giberne, pour lui, ne sont que des pas grand'chose, et il les appelle d'une façon assez dédaigneuse : *des civils*, *des pékins ;* avec quel accent de contentement il vous donne son adresse en relevant sa moustache : Soldat au 7e régiment, 4e bataillon, 2e compagnie de voltigeurs. Il en est de même dans toutes les autres professions. Eh bien ! l'homme des champs, ce père nourricier de la France, est embarrassé de sa position ; il en rougit presque ; il n'attend qu'un peu d'aisance pour déserter honteusement, pour renier la profession de ses pères et cacher son origine sous les oripeaux du luxe des villes ; on ne peut plus l'appeler de son beau nom, *paysan*, sans le blesser un peu. Paysan, j'aime ce nom-là, moi, paysan, c'est-à-dire homme du pays. On le connaît, on sait ce qu'il est, d'où il vient ; on a connu son père, sa mère, son aïeul, son bisaïeul ; ce n'est pas cet aventurier des grandes cités dont le passé est ignoré et pour cause. Eh bien ! le paysan renonce volontiers à ce bénéfice d'estime et d'honneur pour s'en aller chercher fortune dans les villes. La vue du luxe lui fait tourner la tête ; il compare son habit à celui d'un transfuge qui a travaillé autrefois avec lui, et il s'attriste ; il ne songe pas que c'est souvent, comme dit le vieux proverbe : *Habit de velours, ventre de son.* Paris surtout est son rêve! oh! vivre à Paris que c'est bon! Il aimera mieux être domestique à Paris que d'être maître aux champs. C'est étrange avec quelle facilité on vend sa liberté pour de l'argent, pour de bons repas, pour un misérable morceau d'étoffe! Un jeune homme écrivait dernièrement : « Je suis fils d'un cultivateur; j'ai fait une partie de mes classes; maintenant, je travaille chez mon père; mais ce travail ne me plaît guère ; ne pourriez-vous point me trouver une petite place à Paris, ne fût-ce qu'une place de *concierge?* vous me rendriez un bien grand service. » Et voilà un fils de famille qui veut se faire le serviteur, le valet de vingt ou trente locataires! Il est des gens qui aimeraient mieux, Dieu me pardonne, être décrotteurs à Paris que d'honorables cultivateurs en province et même maire de leur commune.

Mais c'est surtout pour ses enfants que l'on rêve une autre vie que la vie des champs, et vos enfants, vos pauvres enfants, il faut que je vous le dise, vous ne les aimez pas, vous n'êtes pas bons pour eux, vous êtes cruels, oui, cruels ; oh! que vous leur faites de mal! Dans votre conduite je vois une ambition aveugle, un profond égoïsme, mais pas un grain de paternelle affection. Voilà un cultivateur qui, à force de travail et d'économies, a amassé une somme ronde : croyez-vous qu'il la destine à améliorer sa terre et à faire de son fils un cultivateur plus aisé ? Pas du tout. Il a un tout autre projet en tête; il le médite depuis longtemps. Plus d'une fois le père et la mère se sont dit dans l'intimité : S'il plaît à Dieu, notre fils sera plus heureux que nous ; notre état est trop pénible, *on se massacre* le corps pour gagner quelque chose ; *on lui fera faire des classes.* Ah ! vous lui ferez faire des classes, soit ; eh bien, après... qu'en ferez-vous, s'il vous plaît ? Un médecin ?... Alors créez donc des malades, et le besoin ne s'en fait guère sentir. Un avocat ? Alors créez donc des procès. Ces professions regorgent d'hommes, on se dispute le plus misérable procès, on s'arrache les plus petits malades. Mais je vous devine : *Il aura une place,* dites-vous. Une place ! une place ! voilà la terrible chimère qui égare et ruine tant d'hommes en France. Une place ! mais, grand Dieu ! où la prendrez-vous ? J'en cherche partout dans ce vaste Paris, et je n'en trouve nulle part. De grâce, trouvez-moi donc, s'il vous plaît, tant seulement une place de balayeur ou de concierge !

Il faut que je vous dise tout, je m'en fais

un devoir de conscience; il faut que vous connaissiez les terribles chances auxquelles vous jetez votre enfant. Toutes les professions sont encombrées de solliciteurs; une seule compagnie de chemin de fer a trente-sept mille noms de demandeurs inscrits et pas cent places à donner; il en est de même partout, tout est pris. Il faut voir ces tristes solliciteurs user leur temps et leur vie à aller mendier quelque chose. Plus rien dans la bourse, plus d'asile! Les parents se fâchent et refusent de continuer les envois d'argent; eux espèrent encore, ils croient toujours toucher au but de leurs revers, et toujours il ne vient rien. J'espère, disent-ils, que je finirai par me faire connaître, par *percer;* c'est le mot consacré. Hélas! il n'y a de percé que leurs chaussures et leur habit... Il faut que rien ne soit caché. Je raconte ce que je vois chaque jour. C'est déchirant. Ces pauvres hommes maudissent la vie, maudissent même leurs parents, tant leur détresse est grande; et parmi eux il y a des hommes vraiment capables. Sans doute vous dites : Mon fils, avec de l'instruction, saura toujours se tirer d'affaire. Eh bien! sachez-le, il y a à Paris au moins dix mille hommes qui ont plus d'esprit, plus de talent, plus de science que n'en aura votre fils quand vous vous serez épuisé pour lui, et qui meu-

2

rent de faim, qui agonisent dans la détresse. Oui, quand vous aurez donné pour l'instruction de ce fils le plus beau cheval de votre écurie, la plus belle paire de bœufs de votre étable, une récolte de colza et dix mille francs de belles pièces d'or, en fait de science et de talent il ne va pas même au genou de beaucoup d'entre eux, et ils sont dans la misère. Vous me direz : Ils manquent de conduite. C'est vrai pour une partie ; mais d'autres sont parfaitement irréprochables. Ils manquent de conduite : mais êtes-vous bien sûr que votre fils n'en manquera pas aussi ? Êtes-vous bien sûr que, jeté au milieu des villes avec sa naïveté et son inexpérience, il restera sage et laborieux ? Êtes-vous Dieu pour tenir ses passions et son cœur dans votre main et leur dire : Vous n'irez pas plus loin ? Oh ! vous jouez là un terrible jeu ! Quoi ! quand vous pourriez faire de votre fils un brave et digne garçon qui perpétuera chez vous les bonnes vieilles traditions de travail, de charité et d'honneur de votre famille, vous aimez mieux vous exposer à en faire un grand fainéant un misérable solliciteur qu'on se renvoie de l'un à l'autre comme une balle, un être déclassé, mécontent, doué d'un orgueil qui n'a d'égal que sa soif incessante d'argent.

Supposons même qu'il réussisse : cela

s'est vu quelquefois, cela se verra moins à cause de la masse des concurrents ; êtes-vous certain qu'il vous traitera en père, qu'il ne rougira pas de ses parents? Un personnage disait un jour à son concierge : « Quand ce *paysan* qui vient de sortir de chez moi reviendra, vous lui direz toujours que je n'y suis pas. » Le vieillard revint une fois, deux fris, trois fois, et toujours c'était la même réponse. A la fin, le pauvre homme se met à pleurer et s'écrie : « Ah! c'est bien dur d'être chassé de chez son fils ! » Le concierge, consterné, se met à pleurer avec lui ; c'était vraiment le père du personnage en question. Ainsi donc faites de votre fils un cultivateur comme vous ; à moins que Dieu ne vous le demande pour être un de ses prêtres. Ne le faites pas jouer si gros jeu. Pitié pour lui, pitié pour l'antique honneur de votre famille, pitié pour le repos de votre vie et vos cheveux blancs, pitié pour tant de bouches affamées qui vous demandent du pain !

CHAPITRE II

AVANTAGE ET DIGNITÉ DE LA VIE DES CHAMPS.

Chaque profession a son bon et son mauvais côté, ses avantages et ses inconvénients, ses joies et ses peines. Le malheur est que nous ne voyons seulement que le mauvais côté de la nôtre, tandis que nous songeons seulement aux avantages de celle d'autrui. C'est vrai surtout pour le cultivateur et l'ouvrier des champs ; il voit trop son travail dur, ses sueurs, la rigueur des saisons et il porte envie aux autres. Oh ! pourquoi donc se plaint-il et de quoi se plaint-il ? sa part est si belle... sa vie renferme tout ce qu'il faut pour faire vraiment un homme : elle est utile, elle est digne, elle est pure ; quoi de plus...?

C'est l'homme de la campagne qui nourrit la France, voilà un ministère qui en vaut certes bien un autre.

Comme on l'a si bien dit :

A l'agriculture seule a été confié le noble soin de nourrir le genre humain et d'entretenir dans chaque homme cette lampe mystérieure qu'on appelle la vie.

Les illustres personnages qui remplissent

les palais de l'éclat de leur autorité, les bibliothèques des lumières de leur science, les musées des inventions de leur génie, sont forcés de descendre deux fois le jour de ces hauteurs où ils s'adorent et de venir, dans l'humilité de la faim et de la défaillance, adresser au campagnard, à ce serviteur de la glèbe, cette prière que lui-même n'adresse qu'à Dieu : *Donnez-nous aujourd'hui notre pain de chaque jour.*

Dieu l'a voulu ainsi, pour honorer, en l'humble personne du cultivateur, son coopérateur dans l'ordre de la nature, son associé dans les soins bienfaisants de sa providence.

Quand donc le villageois entre dans nos villes, et qu'il aperçoit les merveilles de l'industrie et les chefs-d'œuvre de l'art étalés à ses yeux, il peut les admirer ; mais qu'il se souvienne que les fastueux possesseurs de ces trésors sont ses tributaires obligés, et que, pour exister, ils ont besoin de son blé, de son huile, de son vin, de ses fruits, de ses graines, de ses légumes, de la laine de ses brebis, de la chair de ses animaux, et que lui n'a besoin, pour être heureux dans ses champs, ni de leurs tableaux, ni de leurs tapis, ni de leurs livres, ni de leurs statues.

La boutique, l'atelier, l'usine, le magasin, le bureau, le cabinet, que ces lieux sont étroits, obscurs, tristes, nauséabonds et malsains ! et combien sont à la gêne les honnêtes forçats que l'industrie, le commerce, l'étude, les affaires enchaînent là, du matin au soir, à des travaux monotones et rebutants, où le corps dans la torture, l'âme dans l'engourdissement, s'épuisent et se dégradent !

L'atelier du villageois, c'est l'immensité des campagnes (1).

D'un autre côté, aujourd'hui, le cultivateur peut associer à tous ces biens les joies de l'intelligence et du cœur ; il sait lire, il a de l'instruction, il en a parfois beaucoup, il peut orner sa vie de connaissances utiles pour sa profession, douces pour son âme, et, grâce à Dieu, on voit de simples laboureurs vraiment plus instruits que beaucoup des habitants des villes. Le livre lui arrive si facilement ; le journal va le trouver à domicile.

Eh bien, loin de jouir de tous ces avantages, d'être fier de sa dignité, il paraît embarrassé de sa profession, il en rougit presque, et, s'il fait des rêves de bonheur pour son fils, soyez persuadé qu'il lui prépare souvent, dans son imagination, une autre existence que celle de son père ; il lui semble que son sang est en mauvais lieu et en mauvaise compa-

(1) M. Méthivier, *Études rurales*.

gnie, qu'il l'en faut arracher le plus tôt possible. Le cultivateur est le premier à déshonorer et à amoindrir sa position. La ruine de l'agriculture vient le plus souvent d'elle-même; ainsi, par exemple, au jour du dimanche, le père, qui devrait être un modèle d'économie, de vie rangée et de respect à la loi du Dieu qui bénit ses champs... part pour la ville ou pour le bourg voisin, entend une petite messe, ou même ne l'entend pas, puis se dirige vers le cabaret du lieu, fait un déjeuner qui souvent se prolonge bien avant dans la journée, traite ses affaires avec plus ou moins d'intelligence, et, après avoir dépensé une somme considérable, rentre chez lui, dans quel état!

Son fils a hâte d'avoir seize ou dix-sept ans pour s'en aller dépenser de son côté. Les domestiques se mettent de la partie; pourquoi pas ? On passe une partie du jour dans je ne sais quels lieux qu'on appelle lieux de plaisir: on boit, on danse; la nuit s'avance et on rentre à la maison... Le lendemain matin on se remet au travail le corps brisé, l'âme mécontente; on aurait besoin de ne rien faire pour se reposer des fatigues de la veille. La journée est mauvaise pour l'ouvrage, et voilà une perte considérable; il est impossible de calculer à quelle somme elle peut s'élever dans le courant de l'année. De cette façon la ruine vient bien vite.

Ce n'est pas tout, la femme, ordinairement si bonne ménagère et si bonne conseillère, s'est laissé prendre aux séductions du luxe; il lui faut, pour elle et pour sa fille, force rubans et force dentelles. Son fils, elle le déguise autant que possible en *petit monsieur*. Naturellement, avec cet attirail, on ne peut plus marcher à pied, surtout par les chemins de la campagne : on aura une voiture, un tilbury ou même un cabriolet... Mais un jour arrivent les notes à payer, et rien dans la bourse; il faut payer maréchaux, cordonniers, charrons, merciers, bourreliers, charpentiers, domestiques, et le propriétaire si on est fermier. Alors on emprunte, on emprunte à tout le monde, à ses ouvriers, à ses domestiques mêmes; on se met en quelque sorte sous leur dépendance; on emprunte partout; on emprunte au banquier des campagnes, à ce terrible petit prêteur, à ce chancre de l'agriculture, à cette hideuse plaie des champs. Malheureux! que faites-vous?... Vous allez vous perdre! Liquidez plutôt que de franchir le seuil de cette demeure... ou il est bien à craindre que tout n'y passe : le champ paternel, la maison de vos ancêtres, les instruments de votre travail, même le linge de votre armoire, et que vous ne soyez jeté nu sur le chemin de la misère, de la honte, du désespoir, du crime peut-être!

Voyez donc ce misérable prêteur, qui vise seulement à rester un honnête homme aux yeux du Code civil; il enlace habilement sa victime; puis il la saisit avec ses tenailles de fer... la garrotte... la vole, boit sa séve, la martyrise à coups d'épingle et à coups de poignard : il la taille à merci, et encore après cela faut-il qu'elle lui dise : *Bien obligé!*... Le pauvre homme pris dans le piége, porte les traces de son malheur sur sa figure; un chagrin concentré le mine; il voudrait bien en finir, mais la force lui manque, et, pour échapper à ce spectre qui le poursuit, il augmente le mal; il s'en va noyer sa raison et ses souvenirs dans le vin. La catastrophe arrive. Les huissiers, les avocats et les gens d'affaires s'abattent sur cette proie; tout y passe, plus rien, la place est vide; au tour d'un autre maintenant de se faire ruiner...

Oui, il faut bien l'avouer, c'est l'agriculture elle-même qui se déshonore et se ruine. Je m'étonne que l'habitant des campagnes, avec sa prudence et son bon sens exquis, se soit laissé aller à ces excès...

La vie de la campagne est moins brillante, mais elle est bien plus sûre et bien plus solide. L'argent placé en terre est toujours là. Dans l'industrie, une bourrasque passe et emporte tout; il y a six mois un homme était riche, aujourd'hui il est criblé de créanciers et de papiers timbrés. Je dirai la même chose pour celui qui travaille chez les autres.

A la campagne les journées sont moins bonnes; mais vous pouvez travailler tous les jours. Ailleurs, vienne une perturbation dans les affaires, une exubérance de produits, voilà des milliers d'ouvriers jetés sur le pavé... Dans les grandes villes, aujourd'hui, on est obsédé de malheureux, d'hommes, de pères de famille qui voient agoniser devant eux leurs malheureux petits enfants, et qui s'en viennent vous dire : « Sauvez-moi, ayez pitié de mes enfants... Je travaillerai au rabais... J'aime mieux gagner quelques sous que de mendier. » Voilà ce que nous avons vu hier encore, ce qui nous désole, ce que nous voyons tous les jours... Ceux qui vous disent : « On gagne de bons gages dans les villes, » ne vous disent pas tout cela. En définitive, où se trouve la masse des pauvres, est-ce à la campagne ou à la ville?

Oh! que l'on fait de mal, quand on conseille à de malheureux ouvriers de se jeter dans ces gouffres. Ils peuvent toujours avoir du travail à la campagne; on le dit, vous le dites vous-même, dans la culture il y a toujours quelque chose à faire; le salaire sera moins grand, mais il sera certain, il sera suffisant, il sera toujours honnête. De plus, il y a pour tous une question de vie ou de mort. Si l'agriculture est abandonnée, si elle n'est même développée en proportion de l'accroissement de la population, de quoi vivrons-nous? On peut mourir de faim avec de l'or, si on n'a pas de pain. Est-ce que la France n'a pas encore assez souffert de la cherté des denrées?... C'est une chose bien triste à avouer que ce pays, que l'on dit le plus beau du monde, n'a pas même, depuis quelques années, le strict suffisant; non, la France n'a ni assez de pain, ni assez de viande, ni même assez de lait pour exister; il faut qu'elle porte son argent ailleurs et qu'elle dépende des étrangers, même pour se procurer le nécessaire; c'est humiliant. Que sert-il donc de se poser avec tant d'éclat, quand on peut vous répondre : « Avec tout cela, sans nous vous n'auriez pas même de quoi manger! » Il y a là aussi un danger. Le besoin est un mauvais conseiller, rien ne fait monter plus vite les colères à la tête ; comment faire comprendre le langage du bon sens à un homme qui a faim? Nous avons eu assez de révolutions et de bouleversements. Vous trouvez que c'est suffisant comme cela, et moi aussi : alors, au moins, donnons du pain à nos frères, voilà la meilleure fraternité. C'est d'autant plus facile qu'il nous reste vingt-cinq millions d'hectares de terre à améliorer, six millions cinq cent mille hectares à défricher ; il serait possible de procurer quarante millions d'hectolitres de céréales de plus, et le déficit de cette année n'a pas été de dix millions.

L'agriculture seule crée la richesse ; le commerce, l'industrie déplacent simplement l'argent, le font plus souvent passer d'une poche dans une autre poche, et c'est tout ; au contraire, l'agriculture augmente la fortune de la France et la vôtre : un hectare donnait dix-huit hectolitres de blé, vous l'avez amélioré, il en produit trente, c'est douze hectolitres de gain ; vous avez de plus l'excédant de paille pour compensation de vos engrais. Les frais de culture ont été à peu près les mêmes, jamais les capitaux n'ont été mieux placés ; ils ne rapportent ordinairement que cinq pour cent : ici ils peuvent rapporter sept et huit, même au delà ; de plus, il y a pleine sécurité.

Aussi les souverains les plus populaires et les plus chers au souvenir de la France encouragèrent toujours l'agriculture, se montrèrent pleins de bienveillance pour le laboureur. En première ligne nous trouvons Henri IV. Un monarque étranger en parle comme pourrait faire un bon Français :

« De toutes les professions, dit-il, c'est l'agriculture qui est la plus utile à l'homme dans un État, qui le nourrit, qui l'enrichit, et la force réelle d'une nation est celle qui a pour base l'agriculture, parce qu'elle est au-dessus de tous les accidents étrangers. Si j'avais un homme qui me produisît deux épis de blé au lieu d'un, je le préférerais à tous les génies politiques...

» Une fois l'agriculture perdue, plus d'industrie, plus de commerce, plus d'arts mécaniques, plus de sciences, plus de bons principes, de police et d'administration, car tout se tient dans la nature et dans la politique.

» Vous aurez pour les agriculteurs les sentiments qu'avait ce bon Henri IV, lorsqu'il voulait que tous les laboureurs eussent le dimanche la poule au pot. »

Donc, pour nous résumer, l'état d'agriculteur, d'ouvrier des champs, est honorable, moral, productif, nécessaire au bonheur des familles et au bonheur de la France, surtout quand on l'exerce avec cette pensée d'un vieux cultivateur : *Que l'homme aide seulement à Dieu à faire venir ce bon blé.*

CHAPITRE III.

DU CHOIX D'UN ÉTAT POUR SOI ET POUR SES ENFANTS.

Chacun de nous en naissant a reçu une vocation de la Providence, c'est-à-dire qu'une voie lui a été assignée dans laquelle il portera mieux et plus facilement sa part des travaux, des joies et des souffrances de la vie. Cette vocation se révèle par les aptitudes, les qualités bonnes ou mauvaises, les circonstances de naissance et de fortune, et ordinairement la vocation des enfants est celle des parents ; il y a des exceptions, il est vrai, mais ce ne sont que des exceptions. C'est beaucoup plus commode et plus avantageux de suivre la voie de ses pères, elle est ouverte devant nous, il n'y a plus qu'à marcher. De plus, il y a comme un patrimoine d'expérience, de clientèle, d'instruments, Cette profession ne coûte rien à apprendre, on peut dire que l'enfant la suce avec le lait et elle grandit avec lui ; il se trouve un homme capable, sans presque s'en douter. Mais, hélas ! ces bonnes idées se retirent souvent des champs. Soyons juste, grâce à Dieu, il en est encore beaucoup qui ont l'esprit et le bon sens de suivre la voie de leurs parents, d'y faire marcher leurs enfants. Mais d'autres n'en veulent plus. La fumée de l'orgueil et de l'or a bouleversé les têtes. N'être que ce qu'a été son père, cultiver la terre comme lui, c'est trop pénible et pas assez glorieux. On se croit appelé à une plus belle destinée. Cette illusion s'est glissée chez les habitants des campagnes, surtout quand il s'agit de prendre cette grave décision qui doit régler le sort de leurs enfants.

Autrefois, on tenait à sa famille, à son clocher, à son chez-soi ; aujourd'hui, pour un rien, on quitte toutes ces bonnes et saintes joies, on se met à courir le monde pour gagner un peu plus d'argent et satisfaire une mesquine vanité ; pour cela, on sacrifie tout, on sacrifie ses enfants, on expose leur vertu, on compromet jusqu'à l'honneur de la jeune fille, et on se ménage bien des regrets. On était né à la campagne, le travail des champs suffisait à ses besoins et à ceux de ses enfants ; mais on se dégoûte ; il y a dans la ville un cousin, un voisin, un ami, que sais-je, un cousin de sa tante, et vite on le prie de nous trouver une place de domestique, de servante dans une bonne maison, ou tout simplement du travail. Celui-ci se met en campagne, ce sera un *pays* ou une *payse* de plus, et vite il écrit : Venez, il y fait bon. Là-dessus on roule vers la ville ; c'est bien, tant que cela dure. Mais le chômage arrive, le travail manque, les affaires ne vont plus, on perd sa place ; cependant il faut vivre, il faut se loger, se vêtir ; les économies s'en vont, et voilà une masse de pauvres gens réduits à battre le pavé toute la journée, à mendier du travail, et peut-être bientôt un morceau de pain. S'il est un spectacle lamentable, en voilà certainement un : voir tant de bras inutiles, tant de cœurs brisés pendant qu'à la campagne ils seraient si utiles et si calmes avec de moindres salaires, sans doute, mais avec des salaires qui leur assureraient le pain ; et puis, qui sait où le besoin peut les entraîner ? Il y a dans les villes tant d'occasions de faire le mal ; qui sait si, un jour, le père ne recevra pas une fatale lettre qui lui dira que son sang a été traîné dans la boue, sinon déshonoré ?

Mais passons à une autre classe. On a un peu d'aisance, et naturellement on trouve quelques capacités à son fils. Alors on conçoit de grands projets à son sujet. On se dit : Je l'enverrai longtemps à la classe ; qui sait?... l'instruction ne nuit jamais. On triomphe de ses succès, je ne m'en plains pas, c'est légitime ; mais bientôt vient une malheureuse pensée ; pauvre chéri, un enfant si gentil, si instruit, faut-il le mettre à cultiver la terre?

il a *une si belle main*, que *ce serait dommage de la gâter en maniant les instruments du travail ; qu'il serait mieux placé dans un bureau !* C'est le terme consacré. Et puis voilà notre jeune homme qui se lance, qui débute par une étude d'huissier, d'avoué, ou par un comptoir quelconque. Mais une petite ville n'est plus capable de le contenir ; il lui faut un plus grand théâtre ; souvent Paris a la préférence. Il arrive avec un bagage gros d'espérances et de rêves ; de temps en temps il trouve du travail, souvent il lui manque, et voilà un homme sur le pavé. Paris est rempli de ces malheureux déclassés. Ils souffrent, et ils se gardent bien de s'accuser de leurs souffrances. C'est la société qui est la grande coupable. Il y a là de l'orgueil, mais un orgueil qui dépasse tous les orgueils ; on peut l'appeler un orgueil pyramidal. On accuse les savants de tomber dans ce péché-là ; mais ce n'est rien auprès de l'orgueil d'un demi-savant, d'un huitième de savant. Voilà un orgueil robuste et conditionné pour vivre longtemps. Le ridicule en ferait justice s'il n'était terrible. Ainsi, vous entendrez ces hommes qui ne savent pas même l'orthographe s'écrier : C'est une infamie ! le mérite est sacrifié ; les places sont pour un tas d'intrigants qui ont des protections. Moi, je ne suis pas ambitieux, je ne demande qu'une petite place pour vivre en travaillant. On ne peut pas me la refuser ; j'y ai un droit ; je l'ai conquise par mon travail. Pourquoi me l'a-t-on fait espérer? Puis il vit dans un milieu, il habite dans des garnis où ces paroles sont sans cesse répétées ; il lit des livres et des feuilles qui ne disent pas précisément le contraire. Qui sait jusqu'où peuvent aller ces passions harcelées par le besoin? Qui sait si cette terrible machine à vapeur, sans cesse chauffée, excitée par les convoitises et l'orgueil, ne fera pas une terrible explosion et ne nous écrasera pas sous ses débris ?

Les moins méchants d'entre eux souffrent cruellement et s'en viennent vous dire : Au moins ayez pitié de moi ; je le vois, je me suis trompé ; mais il est trop tard, je ne puis plus aller remuer la terre. Oh ! que ne puis-je rester aux champs? au moins je gagnerais ma vie, et ici, avec ma science, je meurs de faim. J'ai honte de me voir à une telle misère : je n'ose plus me montrer ; voyez mes vêtements : plus d'habit, plus de linge, plus rien. Oh ! que n'ai-je conservé la profession de mon père ! De temps en temps je me sens tenté de maudire même mes parents. Que faire, que devenir ? Il ne me reste qu'une ressource ; c'est de me jeter à la Seine ou de m'asphyxier dans un coin.

Hélas ! il faut bien le dire, souvent la famille a une bien grande part dans toutes ces misères. Elle manque de prudence et de véritable affection. On ne jette pas des enfants à de si cruelles chances. On réfléchit.

Oui, certainement, que votre fils apprenne à lire, à écrire, à compter, c'est bien : mais qu'il reste cultivateur comme vous, ce sera mieux encore. Il est bon, capable, mais n'allez pas nous le gâter en cherchant à en faire un demi-savant, un demi-monsieur ; tous ces demi-là ne valent pas grand'chose. J'aime mieux un vrai paysan bien naturel, rempli de bon sens et de cœur, que toutes ces espèces de grands hommes chez lesquels il n'y a de grand que les prétentions et l'orgueil. Soyons nous-mêmes, et ce sera toujours mieux que des êtres insignifiants, badigeonnés d'un peu de science mêlée de beaucoup de sottise.

Mais voici une plus grande calamité encore : un cultivateur est riche, il vit dans une complète aisance, il pourrait transmettre tout cela à son fils et l'augmenter encore. Le fils ne demande pas mieux ; il sent que c'est sa vocation, qu'il sera heureux ; mais il a compté sans l'orgueil des parents ; on l'arrache, le petit malheureux, à sa famille, à cette aisance, au bon air des champs ; on le jette dans l'une de ces prisons qu'on appelle colléges, pour huit ou dix ans ; il faudra qu'il soit notaire, avoué, avocat, commissaire-priseur, comme si on manquait de ces gens-là, comme si le besoin s'en faisait sentir. Les classes finies, on se saigne aux quatre membres pour lui faire étudier la médecine ou le droit; mais le pauvre jeune homme ennuyé, lancé au milieu des séductions, s'amuse beaucoup et n'étudie guère. Il a deviné la béate crédulité de ses parents et leur insatiable orgueil. Il se sert de tout cela pour épuiser leur bourse: Envoyez-moi cent francs, je passe un examen, envoyez-moi deux cents francs, je viens d'acheter beaucoup de livres; envoyez-moi trois cents francs, j'ai fait de grandes connaissances, je suis reçu chez le préfet; on m'a présenté à un ambassadeur, il faut que je renouvelle ma toilette. Inutile de dire que le plus souvent livres, examen et ambassadeur sont fantastiques. Tout le monde sait les moyens que les étudiants emploient pour exploiter la bourse paternelle. Les camarades savent bientôt quelle est l'origine du nouveau débarqué, et quand il y a espérance que son père sera *un vrai pigeon* à plumer, il est bientôt entouré d'*amis*. L'habitant des villes s'étonne qu'il puisse y avoir dans les campagnes des gens doués d'une aussi robuste crédulité et assez imprudents pour lancer dans la liberté et les séductions des villes un jeune homme simple et sans expérience, avec de l'argent dans sa bourse. Inutile de dire que les études sont insignifiantes, et que souvent de tant de dépenses, il ne résulte qu'un pauvre médecin, un avocat sans causes ou un grand inutile.

Ce qu'il y a de plus triste, c'est que l'on fait quelquefois tous ces sacrifices au détriment des autres enfants ; on s'attache à l'un d'eux ; celui-là aura tout. Ce sera un monsieur , tandis que les autres seront des paysans ; on ne sait combien cela les blesse et quelle responsabilité les parents assument sur leur tête.

Un cultivateur avait placé son fils aîné, Léon, dans un des principaux pensionnats de Paris. Pour subvenir aux frais qu'il s'était imposés, il eut recours aux économies, aux privations de toute nature. La nourriture devint plus frugale qu'elle ne l'avait jamais été ; la viande fut congédiée de la table, pour n'y reparaître momentanément qu'aux grands jours, et le fils cadet, Adolphe, à peine âgé de quatorze ans, dut se livrer à de rudes labeurs pour remplacer, autant que possible, un garçon de ferme que l'on avait congédié.

Jusqu'à cette année, M. Léon n'avait que difficilement mordu au gâteau préparé pour les conscrits universitaires par Lhomond, Noël, Planche et *tutti quanti*, avec le miel attique et la fleur du froment romain; mais en dernier lieu, un professeur plus habile trouva moyen de presser le grand ressort de son intelligence, et dernièrement le jeune garçon, qui avait obtenu deux prix et plusieurs accessit, rentrait, sous la conduite d'un parent, à la maison paternelle, le front chargé de couronnes.

C'était un beau jour de fête pour le cultivateur. Pour faire les préparatifs du repas auquel devaient être invitées les notabilités du village, on s'était levé avant le jour, et Adolphe avait dû redoubler d'activité, afin d'accomplir en peu de temps ses rudes et grossiers labeurs quotidiens. Quand, revenu des champs avec les vaches, il rentra dans la ferme vêtu d'un bourgeron, d'un pantalon de travail, coiffé d'un bonnet de coton bleu et chaussé de gros sabots, il trouva son frère en élégant costume de collégien au milieu des voisins et des voisines qui l'adulaient et s'extasiaient à chacune de ses paroles. Comme il s'approchait pour l'embrasser, M. Léon se détourna en s'écriant dédaigneusement: « Ah! mon cher, comme tu sens la bouse de vache! » Et tout le monde de rire. Adolphe, confus, se retira et disparut sans qu'on fît attention à lui.

A l'heure du repas on se mit à table, lorsque quelqu'un fit l'observation qu'on n'avait pas vu le frère de M. Léon. « C'est vrai, dit le cultivateur ; il sait pourtant bien que c'est le moment de dîner, et qu'il faut qu'il soit là pour nous servir. » On l'appela, on le chercha de tous côtés ; mais ce fut sans succès. Enfin, près du puits qui se trouve à fleur de terre du jardin, on trouva les sabots d'Adolphe. Aussitôt le père, saisi d'un funeste pressentiment, se pencha sur l'orifice et aperçut au fond une forme humaine qu'il reconnut pour celle de son fils. Il s'empressa de se faire descendre dans le puits, mais il ne ramena qu'un cadavre,

Faites donc de vos enfants des cultivateurs comme vous, des ouvriers des champs comme vous, ils seront moins riches peut-être, mais plus heureux ; quand on est raisonnable il faut si peu de chose pour le bonheur, une petite maison, un petit jardin et un petit bout de pré si on peut l'y joindre. Là on vit avec sa famille, on est chez soi, on y meurt en paix ; tandis que l'habitant des villes est sans cesse obligé de trimbaler sa femme, ses enfants et son mobilier de mansarde en mansarde, sans cesse sous le coup de ce malheureux loyer qu'il va falloir payer. Vous qui avez plus d'esprit, plus d'influence, quand vous voyez un ouvrier qui va quitter le pays pour la ville, un père qui pousse son enfant vers ce but-là, allez le trouver et dites-lui avec une franchise affectueuse: Mon garçon, crois-moi, tu fais une sottise; reste avec nous, garde ton fils chez toi; tu t'imagines qu'à la ville l'argent foisonne, qu'il n'y a qu'à se baisser pour en prendre; ça n'empêche pas qu'il y a trois fois plus de pauvres que dans les campagnes, et ton fils pourrait bien revenir avec plus de trous à son habit que de pièces dans sa bourse, sans parler des autres trous faits à la conscience et à la probité.

Vous-même dirigez vos enfants dans cette voie sage et vraiment éclairée; quelle plus belle position pouvez-vous leur donner?

J'aime tant le brave laboureur qui se met à la hauteur de sa mission! Grâce à Dieu, il s'en trouve encore, par exemple en Normandie... Là, il est connu sous le nom de *maître un tel*. Oh! qu'il y a de bien parfois dans ce cœur-là! il est indulgent, bienveillant, charitable, laborieux, franc, chrétien. Il donne du travail aux ouvriers et sa femme donne aux pauvres pain, viande et bois; il fait les charrois des petites gens, il apaise les querelles, il empêche les procès, il soigne les intérêts de sa commune et n'oublie pas la maison de Dieu... Y a-t-il un grand service à rendre, il est toujours le premier.

J'aime surtout à le voir, le dimanche au soir, assis à la table, entouré de *tous ses gens ;* comme un vrai patriarche, il se place au bout, après lui viennent sa femme, ses enfants, puis ses domestiques et ses gens de journée. Il donne à chacun une part égale ; on cause, on rit, on est gai, le cœur surtout s'épanche et se repose ; il semble que tous font partie de la famille, aussi ils disent : Notre ferme, notre charrette, nos chevaux. Oh ! soyez tous ce bon et brave laboureur, un des meilleurs et des plus utiles citoyens de la patrie, visez à faire que votre fils vous ressemble, retenez-le auprès de vous, à l'abri du clocher auprès duquel dorment vos aïeux... Il est mieux là qu'à battre le pavé des rues, ou à solliciter dans les antichambres. Oui, donnez du pain à tous, aux riches et aux pauvres, donnez la vraie prospérité à la France...

CHAPITRE IV

JOIES ET RÉCRÉATIONS DU DIMANCHE.

On dit volontiers : « Il faut bien qu'on s'amuse un peu le dimanche. » C'est mon avis, et la religion ne dit pas non, bien au contraire. Je veux qu'il y ait des amusements pour tous, pour le père, la mère, les enfants, les serviteurs et les ouvriers.

Pour cela, il nous faut des amusements faciles à trouver et surtou tpas chers. Or, la Providence en a semésous nos pas, à profusion, au jour du dimanche; il n'y a qu'à se baisser pour en prendre. J'aime tant les bonnes joies! quand on veut, c'est un si beau jour que le dimanche!

D'abord vous commencez votre journée par dormir un peu plus longtemps qu'à l'ordinaire. C'est un amusement qui en vaut bien un autre, quand on a travaillé toute une semaine : ce n'est pas le corps qui s'en plaindra, et l'âme n'en sera que plus dispose. Puis on se lève, on s'entr'aide aux choses du ménage, on soigne les bestiaux, on nettoie, on balaye, on enlève les araignées, on donne à tout un air de propreté et de fête. La femme fait un brin de toilette, pas trop pourtant; mais il faut voir les enfants, ils sont tous proprets, presque pimpants. Vous faites votre barbe, vous endossez votre bel habit, vous donnez un coup d'œil au miroir, qui vous laisse assez content de vous; à défaut de miroir, votre botte en tient lieu : pour cela, il faut qu'elle soit parfaitement luisante.

Cependant l'heure de la grand'messe est

arrivée ; chacun se dirige vers l'église ; c'est si beau de voir ces longues files d'hommes et de femmes se diriger par les chemins et les sentiers vers la maison de la grande famille, vers le temple de Dieu, pour y mèler ses chants et ses prières. Là on prie, on chante ; hommes, femmes et enfants confondent leurs voix ; on écoute les paternelles instructions du curé, les avis et les recommandations, les publications de mariages ; on sait tout ce qui se passe dans la paroisse, on ne vit pas comme un sauvage, on voit le jeune militaire qui revient du service, paré de son plus bel uniforme.

La messe est terminée ; on se dirige dans le cimetière, vers la tombe d'un membre de sa famille : on se soulage par une petite prière et l'âme s'en retourne toute consolée.

Ensuite on se rend sur la place publique ; on voit ses amis, ses connaissances ; on devise des travaux, des récoltes, des blés, du foin. Le maître cherche des ouvriers ; les ouvriers cherchent du travail. L'homme de bonne volonté et d'influence termine les différends, arrête les procès. On lit les nouvelles et ordonnances du gouvernement, que M. le maire a fait afficher, afin de connaître ses devoirs, de donner l'exemple de l'accomplissement de toutes les lois et de se montrer un vrai citoyen français. Car voilà un vrai enfant de la France, un homme plus utile, et je dirais aussi plus noble que beaucoup de messieurs. Laissez faire, laissez venir les maux de la patrie ou les querelles intestines, et cet homme se lèvera dans sa force ; sa main saisira le sabre ou le fusil, et son bon sens dira aux discordes : « Taisez-vous ! ! » et il sera obéi. Celui qui n'assiste pas aux offices, est-ce un homme civilisé ? Non ; c'est une sorte de païen, de barbare, dont le corps est noyé dans la crasse, l'intelligence plongée dans la matière, si elle n'est toute dans son estomac.

Après cela on revient dîner. Ensuite on retourne en partie aux vêpres et même quelquefois aux catéchisme... Pourquoi pas ? Encore une bonne joie du dimanche pour les parents. Votre enfant est là, vous le suivez des yeux ; bon, on l'interroge... Il répond parfaitement, vous l'avez si bien préparé, et reçoit force compliments accompagnés d'une image, si ce n'est d'un petit livre. Quelle joie ! quel triomphe ! surtout pour le cœur paternel.

Que dire des grands jours de fête de la religion ! L'église est parée, elle prend ses plus beaux ornements et les gens en font autant. Les enfants, ce jour-là, sont de la partie, même le plus petit, que l'on a revêtu de sa plus belle robe ; on le porte à l'église, il est si content de *voir la messe!* On le montre à toute sa famille; naturellement il est trouvé charmant et *bien grandi ;* il reçoit mille caresses et pas mal de bonbons. Et le cœur du père s'épanouit, le cœur de la mère bondit de joie et de bonheur! On va s'asseoir sur l'herbe, on fait une simple collation: la cordialité en fait les plus grands frais, et elle sait si bien les faire! Voilà des joies et du bonheur qui ne coûtent pas cher. Ce n'est pas le bonheur des villes, où l'on se sent toujours éclipsé, déshérité, comme on dit; où l'âme s'en retourne, après bien des efforts, avec plus de regrets et d'envie que de vrai contentement. Les riches eux-mêmes font tant de dépenses, se donnent tant de peines pour se créer des fêtes qui ne sont pas plus amusantes que les défunts trains de plaisir.

Mais ce n'est pas tout; dans les beaux jours d'été il y a les promenades en famille à travers les champs: on respire de si bon air, le corps se repose et se fortifie, l'âme s'épanouit, on examine les récoltes, on admire la richesse de la terre, on bénit intérieurement la Providence des splendides récompenses qu'elle donne au travail; pendant ce temps-là, les enfants courent, sautent, font une ample récolte de fleurs, de fruits, de noisettes, etc. De temps en temps on repasse par un hameau où se trouve un pauvre ou le vieillard qui a travaillé cinquante ans de sa vie et à qui ses jambes fatiguées refusent leur service. Hélas! il est là solitaire dans cette vieille maison silencieuse et sombre qui a vu passer tant de générations humaines, il s'ennuie, il appelle même peut-être la mort; on s'assied un instant auprès de lui, on cause, on lui apprend les nouvelles de l'endroit, on lui fait sentir les saintes joies de l'amitié et on le laisse avec une figure si heureuse que cela vous donne du bonheur.

Mais les jours ont diminué, le froid se fait déjà sentir, vous rentrez de bonne heure à la maison; là vous est réservée une autre jouissance, c'est un bon petit souper en famille; c'est jour de fête, c'est le jour de Dieu. La bonne mère a déployé une partie de ses talents dans l'art de la cuisine, elle vous a réservé un mets extraordinaire, vous en jouissez longtemps d'avance. Le bienheureux souper se prépare sous vos yeux, il est là devant le feu, dans une petite marmite, et quand on la découvre, il s'en échappe un doux parfum; c'est bien plus agréable que l'odeur rance de la cuisine de cabaret, que l'air du café ou la fumée de tabagie.

Il est prêt, tout le monde à table, personne n'y manque: il y a le père, la mère, les vieux parents, les enfants jusqu'au plus petits, la jeune fille et le grand garçon; on mange avec appétit. Les joyeux propos courent autour de la table, chacun jouit du bonheur des autres. Les jours de la semaine on a si peu de temps pour se voir et s'amuser; et dire qu'avec ce qu'un seul dépense au cabaret on pourrait souvent donner ce bonheur à toute une famille; faut-il être égoïste et mauvais cœur pour l'en priver !

Mais ce n'est pas encore tout. Le repas fini, chacun se hâte de reprendre sa place autour du feu; les rangs sont serrés, car on a eu soin d'inviter les voisins, des parents, des amis; un autre dimanche ils vous rendront cette politesse. C'est là surtout qu'on devise, que l'on raconte mille histoires plus amusantes les unes que les autres. Le bon vieillard rappelle les faits de son jeune temps, de la révolution et de ses terreurs, raconte même les histoires de revenants du château voisin, du carrefour isolé, de la forêt sombre. A ce récit les imaginations frissonnent et cependant sont enchantées; les rangs se resserrent et l'on se sent heureux d'être protégé contre les revenants. Le vieux militaire du premier Empire raconte ses campagnes, les faits d'armes et les batailles auxquels il a assisté; on a entendu cela cent fois, mais c'est égal, on l'entend avec plaisir, ne fût-ce qu'en faveur de ceux qui ne l'ont entendu que vingt fois. Le jeune soldat à son retour vous parle de la Crimée, des Russes, de Sébastopol et de Malakoff. Mais que vois-je? auprès de la jambe du père sont une bouteille et un verre, un pot de bière, de vin ou de *cidre doux;* de temps en temps on boit à la ronde; je ne m'y oppose pas; pourtant, attention, permis d'être gai, mais pas gris; chaque *tournée* est suivie d'une explosion de joyeux propos auxquels la conscience ne trouve certainement rien à redire. Après cela on fait une lecture bonne et amusante. C'est un enfant qui s'en acquitte et qui prouve par là qu'il n'a perdu ni son temps ni ses mois d'école; on fait réciter le catéchisme; que sais-je, on parle de la rigueur de la saison, de l'hiver, de la neige qui tombe, du vent qui souffle, et on jouit davantage de se trouver devant un bon feu. On donne un souvenir au jeune soldat obligé de servir la France, on s'informe du contenu de sa dernière lettre... Mais les heures se sont vite passées, il est tard, on fait la prière en commun et chacun va trouver son lit. Le repos sera bon, le corps est bien, et l'âme n'a ni peines ni regrets.

Voilà les vraies joies, heureux habitants des campagnes. Que de fois j'ai désiré d'assister à ces bonnes soirées du dimanche! Croyez-moi, c'est encore le vrai bonheur. J'ai déjà bien vu des choses et des hommes; j'ai vécu avec les grands, les riches de la terre, et je n'ai rien trouvé de si doux au cœur, de si rafraîchissant pour l'âme... Hélas! faut-il que cette vie de famille s'en aille; non, ne la laissez pas partir; ne laissez pas aller votre fils courir les villes. Au jour du dimanche, pendant que vous êtes tous si contents ensemble, lui, promène son ennui, le vide de son cœur, et sème les pièces de sa bourse de cabaret en cabaret, si ce n'est en lieu plus détestable encore. C'est si bon d'être chez soi! comment n'est-ce pas toujours compris? Il y a des familles qui ne sont plus des familles; le père est on sait où, le fils au café, la fille au bal. Pendant ce temps-là, les vieux parents se meurent d'ennui, la mère pâtit et s'impatiente, les petits enfants crient et demandent du pain. La maison n'est plus qu'une espèce de gîte où chacun vient se retirer pour dormir, et tout cela sous prétexte qu'il faut bien s'amuser. Oh! un amusement qui n'est pas partagé par ceux qu'on devrait aimer, qui leur coûte même une souffrance, n'est pas digne d'un cœur honnête et coûte trop cher. Oh! retenez donc ces saintes joies si faciles et si cordiales; ne repoussez pas les dons de la Providence, qui les a mis à la portée de tous; elle a été si bonne, que l'on peut dire tout aussi bien des petits que des grands : Sont-ils heureux!

CHAPITRE V

ÉDUCATION.

L'éducation, c'est la science de faire de braves gens, de bons travailleurs, des hommes honnêtes et de bons chrétiens. Donnez une bonne éducation à votre enfant et je dirai c'est assez; la première ambition des parents doit être de le doter de ce patrimoine; il n'est pas possible à tous de laisser à leurs enfants un riche héritage, tous peuvent leur léguer une bonne éducation; avec cela, ils se tireront toujours bien des embarras et des nécessités de la vie.

Ne confondons pas l'instruction avec l'éducation; il y a une grande différence; on peut être très-instruit et n'avoir pas un grain d'éducation, on peut ne savoir pas grand'-chose et être très-bien élevé. Il est des parents qui disent : J'ai donné à mon enfant une très-belle éducation, il a été tant d'années à l'école, je l'ai placé dans telle classe, j'ai tant dépensé pour lui; que pouvais-je faire davantage ? L'éducation ne s'achète guère, elle se donne surtout à la maison. Sans doute, il faut de la science; que votre enfant sache lire, écrire et compter, aujourd'hui c'est indispensable. Comment apprendrait-il son catéchisme? Il faut qu'il puisse écrire et recevoir une lettre, régler un petit compte, faire une bonne lecture, chanter à l'église ; mais ce petit bagage de science n'est pas le moins du monde ce qu'on appelle vraiment une bonne éducation. Cette science ne doit lui être donnée qu'en proportion de sa fortune et du besoin de la profession qu'il doit exercer.

La bonne éducation ne consiste pas en beaucoup de paroles, encore moins dans des coups multipliés.

Il est des personnes qui vous disent : Je veux que mon fils soit bien élevé ; je lui ordonne ceci, je lui défends cela, je lui répète cent fois la même chose. Hélas ! c'est bien quatre-vingt quinze fois de trop. D'autres vont plus loin et vous disent naïvement : Quand mon enfant me désobéit, je lui fais plus de *jurons* sur le corps qu'il n'a de cheveux sur la tête ; j'entends qu'il soit bien élevé. Je ne sais ce que vous entendez, mais je suis sûr d'une chose, c'est que vous n'entendez rien du tout à l'éducation. Que dire des corrections? On se met en colère, on frappe à tort à travers brutalement, sans mesure et sans précaution, au risque de blesser ; au lieu de lui faire comprendre que c'est une nécessité, qu'on regrette de la subir, on fait croire à l'enfant que c'est caprice, colère, haine même; on perd son affection et on l'abrutit. A l'avenir, l'enfant sera dans la position de ce brave chiffonnier qui n'avait conservé de son père que le souvenir des calottes qu'il en avait reçues.

Un jour, une femme châtiait son enfant; elle était en colère, c'était une vraie furie; elle frappait à coups de pied, à coups de poing; naturellement, l'enfant criait, et, à chaque coup, la mère lui répétait : Vas-tu te taire ! il n'en pouvait rien faire; celle-ci, pour aller plus vite, ôte son sabot de son pied, solide sabot, ma foi, et se met en train d'en caresser les joues et la tête de son fils. Un prêtre qui, d'aventure, passait par là, mit fin à la scène; il était temps, la fin n'eût pas été belle. En fait d'éducation, on ne connaît qu'une chose : la colère, des cris, des coups, *une fameuse dégelée*, comme on dit, et puis on croit que tout est fini; il est même des parents qui ont toute une kyrielle d'injures à l'usage de la bonne éducation de leurs enfants, qui vont jusqu'à les appeler fils de ceci, fils de cela... et ceci et cela ne sont pas beaux, font plus de honte aux parents qu'aux enfants.

Le premier élément d'une parfaite éducation, c'est le bon exemple; dites peu de chose, mais faites-le bien devant vos enfants, faites-le sans cesse, et puis rassurez-vous sur leur éducation. L'enfant imite tout, voyez-le tout petit enfant à l'église, il ne sait pas prier, mais sa mère se met à genoux, il en fait autant; elle joint les mains, il joint les siennes ; elle prie, l'enfant agite ses lèvres.

Un jour un père, assez mauvais chrétien, entre dans une église ; il venait assister à une inhumation, il était accompagné de son enfant, âgé d'environ sept ans ; le père se met à genou sur un genou, le coude appuyé sur l'autre et le menton dans sa main. Le petit bonhomme en fait autant, en faisant vis-à-vis à son père ; c'était au milieu du chœur ; de sorte que, malgré la sévérité de la cérémonie, l'hilarité gagna vite une partie des assistants et même les chantres ; il fallut envoyer le bedeau régulariser la position du père et de l'enfant.

Un tel père a beau parler, jurer, frapper, l'éducation de son fils est nulle, mauvaise ; plaignez ce pauvre enfant, il est bien digne de pitié. S'il peut attraper quelques débris d'éducation, ce n'est pas à ses parents qu'il les devra.

Pour donner une bonne éducation, il faut savoir se faire respecter et aimer ; or, comment voulez-vous que l'enfant aime et respecte un être qui ne se possède pas, qui n'a que de grossières paroles à la bouche, qui jure, qui blasphème? Qu'est-ce, s'il vient donner à ses enfants le spectacle hideux de la déraison et de l'abrutissement de l'ivresse ? Ces pauvres enfants s'attristent d'abord, rougissent de leur père, et quand quelqu'un nous fait rougir, on est bien près de le mépriser ; ils regardent avec envie les autres familles et les trouvent plus heureuses. Alors ils ne se croient pas obligés d'écouter leurs parents, c'est bien assez de les tolérer. Ne vous querellez jamais devant vos enfants, gardez vos querelles pour le temps où vous serez seuls, oü mieux ne vous querellez pas du tout. Les querelles font toujours perdre le respect pour l'un des deux, si ce n'est pour l'un et l'autre ; on ne ménage plus ses termes, le mari appelle sa femme imbécile, et celle-ci lui donne à entendre qu'elle aimerait autant un autre mari, que si le mariage n'était pas fait, il resterait toujours à faire ; que voulez-vous que fasse la jeune famille qui entend tous ces colloques, que voulez-vous qu'elle pense ? Ne désapprouvez jamais en face une correction donnée par votre femme, alors même que vous ne la trouvez pas juste. Que la femme ne blâme jamais les punitions infligées par son mari, de sorte que les enfants ne puissent pas s'écrier : Vous allez voir, je vais le dire à papa, je vais le dire à maman, je vais vous faire gronder.

Laissez tout passer, et puis dans l'intimité, vous redressez ce qui n'est pas dans l'ordre ; la femme ne doit jamais se plaindre auprès de ses jeunes enfants des peines que lui fait endurer son mari ; encore plus doit-elle se garder de lui ravir leur affection pour la posséder à elle seule tout entière. C'est une injustice et c'est un grand malheur pour ces pauvres enfants. Qui aimeront-ils sur la terre, s'ils n'aiment leur père et leur mère? Laissez leur cœur s'épanouir, laissez-le jouir pleinement des bonnes affections de la famille ; ils n'auront pas la tentation d'aller en chercher ailleurs qui seraient moins pures, dangereuses peut-être.

On dit qu'un tout jeune enfant, habitué à voir son père et sa mère se quereller, tenait ce langage, dans l'abandon de l'intimité, à son père : Vous avez fait une grande sottise dans votre vie : c'était d'épouser ma mère.

Inutile de dire que la religion doit avoir la plus grande part dans l'éducation ; c'est elle seule qui peut atteindre le cœur et le diriger. Aussi faut-il, dès les premières années, tourner vers Dieu le cœur de l'enfant ; faites-lui aimer les pratiques de la religion, c'est si facile. Apprenez-lui à prier Dieu, non par la crainte et les menaces, mais plutôt par la persuasion. Dès l'âge de sept ans, il doit assister à la messe ; si le temps ou une trop grande distance en empêche, qu'il fasse une prière à la maison. Sans doute, ces devoirs reviennent en grande partie à la mère, mais j'aimerais tant à voir le père s'en occuper ; son autorité est plus forte, et ce sera pour lui une grande consolation. Il a parfois tant de mal, le pauvre père, il arrive si fatigué ; eh bien, il se délasse en caressant ses enfants, en les voyant grandir, en recevant leurs caresses comme récompense de ses travaux, puis il les fait mettre à genoux autour de lui, il met à genoux sur ses genoux le plus jeune et les fait tous prier Dieu, à moins qu'il n'aime mieux se mettre à genoux lui-même et faire tous ensemble, d'une seule fois la prière en commun. Quand les enfants ont vu leur père si fort, si robuste, tomber à genoux, il leur semble que Dieu est plus grand.

Vient le temps du catéchisme, et il faut le faire venir de bonne heure ; on voit aujourd'hui des enfants de sept ans qui savent parfaitement leur catéchisme ; attendez à dix ou onze ans et vous ne pouvez rien leur apprendre. Ici, vous n'avez simplement qu'à seconder M. le curé ; faites apprendre les leçons ; ne permettez pas que l'on manque au catéchisme, et surtout, si l'enfant a été grondé, puni, ne blâmez pas, soutenez l'autorité de celui qui a puni ; ayez même l'air d'ajouter à la punition. Un autre enfant a obtenu une récompense, le vôtre s'en revient les mains vides ; de mauvais parents disent : C'est une injustice ; de bons parents disent à leur enfant : Tu vois, les autres ont des récompenses et toi rien, cela me fait honte, j'espère qu'une autre fois tu réussiras mieux ; et si l'enfant veut marmotter quelques excuses, dites-lui : Taisez-vous, c'est assez d'être ignorant, n'ajoutez pas l'injustice, on ne recueille que ce qu'on a semé. Vous avez été paresseux, vous avez obtenu ce qu'obtiennent les paresseux, rien du tout, et cela devait être ; c'est juste, c'est bien mérité, je n'assisterai plus au catéchisme, les autres parents n'y éprouvent que de la joie, et moi que de la honte. Si l'enfant n'est pas admis à la première communion, n'allez pas importuner le curé, il lui en a déjà assez coûté de le refuser ; vous allez lui dire qu'il a tel âge, que vous n'êtes pas riche : mais il sait tout cela, vous ne lui apprenez absolument rien ; craignez plutôt de le pousser à admettre un indigne et de placer sur la tête de votre enfant les malédictions attachées à une première communion mal faite ; le pasteur est le meilleur juge en cette matière. Quand on fait sa première communion, il faut que le cœur de l'enfant et des parents soit libre et content, et que tous puissent se rendre ce témoignage :

voilà un beau jour, voilà une bonne action.

La première communion faite, tout n'est pas fini pour la bonne éducation ; au contraire, la tâche va devenir plus difficile ; vous n'ètes pas de ces parents qui disent : Mon fils a l'âge de raison maintenant, c'est à lui de se bien conduire ; ma fille a dix-huit ans, je n'ai plus à m'en occuper. Ce langage est funeste. Oh ! qu'il a fait de mal à nos campagnes : on s'y occupe moins de ses enfants qu'on ne le ferait d'un animal, je demande pardon de la comparaison ; s'il n'est pas à son étable, on le cherche ; on a une jeune fille, il est dix heures, onze heures du soir, et elle n'est pas rentrée ; oh ! bah, elle est avec ses camarades, elle est à s'amuser ! On se couche, seulement on laisse la porte ouverte, afin qu'elle puisse rentrer quand son caprice la ramènera. Faites-en l'observation à la mère, elle vous répond d'un ton dégagé : Elle est jeune, ne faut-il pas qu'elle s'amuse ? à son âge, je me suis bien amusée, moi ; et Dieu sait de quels amusements il est question ! Oh ! ce langage n'est pas celui d'une mère ; il n'y a plus de cœur, il n'y a plus de pudeur, plus rien dans cette âme. Non, une véritable mère ne peut tenir un pareil langage, il est affreux. Voilà donc comme on apprend à cette malheureuse jeune fille à remplir bientôt ses devoirs d'épouse et de mère. Voilà les leçons et les exemples qu'on lui donne. Plus prudente et plus intelligente, une mère disait tout bas un jour à quelqu'un qui la priait de laisser sa fille s'amuser comme les autres : Pour mon malheur, je sais trop ce que cela signifie, au moins faut-il que mon expérience profite à ma fille.

CHAPITRE VI

MANIÈRE DE SE CONDUIRE DANS LES GRANDES CIRCONSTANCES DE LA VIE. — BAPTÊME. — MARIAGE. — MORT.

Toujours et pour tout, il y a des convenances à garder. C'est même par là que l'on juge si un homme est honnête et bien élevé : savoir se bien tenir en toute rencontre, voilà surtout ce qui concilie le respect et l'estime...

Mais il y a dans la vie des circonstances exceptionnelles où la bonne tenue est encore plus de rigueur. Par exemple : le baptême, le mariage, une mort. — C'est là surtout que l'on voit ce que vaut un homme.

Le baptême est chose solennelle et bien

digne d'intérêt : un pauvre petit être vient de faire son entrée sur notre triste terre. Le voilà qui commence déjà à porter sa part des douleurs et des joies de la vie. Il faut donc l'entourer de soins et d'affections.

Le plus important des soins est de s'occuper de l'âme de l'enfant... On sait qu'il faut le porter à l'église au plus tard dans les deux ou trois jours qui suivent sa naissance, autrement il faudrait demander à l'évêque de son diocèse la permission de le faire ondoyer à la maison ; mais le mieux est de se hâter... La vie est si frêle dans ce pauvre petit être, il n'a presque que le souffle... La bonne mère doit trembler jusqu'à ce qu'il soit devenu l'enfant de Dieu.

La nuit il pourrait être si facilement étouffé... Au contraire, le baptême une fois donné, son cœur de mère peut s'épanouir en toute confiance; l'enfant qu'on lui apporte du saint temple est un petit ange introduit dans sa maison; lui-même a reçu de Dieu un ange pour être le gardien de sa vie.... Pauvre enfant, puisse-t-il toujours conserver cette innocence dont il est revêtu; puisse-t-il avoir de bons parents, et puisse son entrée dans la vie être le premier pas dans le chemin qui, à travers bien des épreuves, doit le conduire à une vie meilleure que celle à laquelle il vient de naître !

Le père va trouver M. le curé, lui annonce joyeusement la naissance d'un nouvel enfant, convient avec lui de l'heure à laquelle il sera baptisé, et il promet d'être meilleur chrétien afin de donner bon exemple au nouveau-né. Un homme qui a un peu de cœur se sent tout à coup porté aux idées sérieuses par la paternité.

Il est des parents pour qui la naissance d'un enfant est un chagrin; le père vient d'un air piteux en annoncer la nouvelle. Autrefois un enfant était regardé comme une richesse; aujourd'hui, c'est un embarras, on voudrait le repousser dans le néant. Ah! malheureux! savez-vous si ce n'est pas celui-là qui vous nourrira quand vous serez vieux? Qui n'a qu'un ou deux enfants en est ordinairement mal servi. Puis la mort est là, elle peut frapper, et il ne vous reste plus personne, si ce n'est des neveux et des nièces qui passent leur temps à convoiter votre succession, à regarder si votre dos se courbe, si votre crâne perd ses cheveux, enfin, s'il y a bon espoir que vous leur laisserez bientôt votre maison et votre lit afin qu'ils puissent s'en emparer.

MARIAGE.

Le mariage est une chose bien sérieuse... Il s'agit de s'engager pour toujours, de prononcer ce oui éternel qui enchaîne quelquefois au bonheur, quelquefois au malheur; il s'agit de lier sa vie à une personne étrangère jusque-là, inconnue peut-être, de se confier entièrement en elle, de lui donner son argent, son cœur, sa vie; puis le mariage, c'est la source des générations : que deviendra la société si cette source est viciée?

Et cependant aujourd'hui on fait cette grande action si légèrement. Il est une chose surtout que l'on examine : l'argent. C'est l'argent qui commence les mariages, et c'est l'argent qui les achève... A-t-il fait un bon mariage, voilà la première question, et cela signifie : sa femme a-t-elle des écus?... On ne demande pas si elle a des qualités, de la vertu, un bon caractère. Oh bien oui! tout cela est secondaire : un mariage, c'est souvent un vrai marché dans lequel un père vend sa fille... Au contrat, on débat l'affaire, on marchande, on s'éloigne, on se rapproche, on menace, on sait où trouver mieux; on dit qu'on n'y tient pas. On s'entend, on signe, on s'embrasse, chacun souriant à la pensée qu'il vient de conclure une bonne affaire... Profanation, honte et malheur!...

Hélas! oui, trop souvent c'est l'argent qui joue le grand rôle... c'est l'argent qui commence et qui achève les mariages. Vous avez beau faire des représentations, signaler des défauts de caractère, des différences d'âge, on vous répond : C'est un bon mariage, c'est convenable : dix mille francs d'un côté, dix mille francs de l'autre, mais c'est très-convenable ; on associe une dot à une dot, et puis l'affaire est faite ; on procède à l'union, quitte à être réduit à remettre la paix quelques mois après dans le nouveau ménage.

Pour quelques malheureuses pièces d'or on brisera une union projetée.

Le Normand a de bonnes qualités, mais je ne ferai pas une médisance en disant qu'il aime bien l'argent, et sous ce rapport beaucoup sont Normands.

Donc un brave paysan normand avait une fille et un superbe cochon. Un de ses jeunes voisins vint demander sa fille en mariage et il fut agréé avec joie. Les choses allaient bien jusque-là ; mais lorsqu'il fut question du contrat, le futur gendre frappant sur l'épaule de son beau-père, lui dit naïvement :

— Là, beau-père, je prends votre fille, mais à une petite condition, qui ne sera pas un obstacle, j'espère ; c'est qu'avec la fille il me faut votre cochon.

— Mon cochon ! s'écrie le beau-père, mon cochon ! moi vous le donner, jamais. Le plus beau cochon du pays, une bête qui vaut cinquante écus comme un sou…

— A votre volonté, répond le jeune homme. Vous êtes libre, mais je ne veux pas de la fille sans le cochon... Je ne marchanderai pas longtemps...

Il fallut donc se séparer sans rien conclure.

Cependant le public riait. La pauvre fille se désolait, on se rapprocha... On disputa longtemps. La jeune personne pria et pleura de manière à attendrir une borne de granit. Le jeune homme resta impassible. A la fin, il fallut bien que le père abandonnât le cochon... ou on lui laissait sa fille; et voilà que la pauvre bête fut la cause bien innocente de ce mariage.

Quelquefois ce n'est pas l'argent qui dirige, mais c'est un sentiment qui ne vaut guère mieux, et le choix n'est pas fait avec plus de prudence. Deux jeunes gens se rencontrent au bal, dans les rapports de la vie ; ils se fréquentent une année, deux années, trois années, etc. L'un et l'autre, en commençant ces relations, savent bien qu'ils ne sont pas en mesure de se marier prochainement. Les parents laissent faire, pas de surveillance de leur part. Cependant le monde jase, et un jour arrive où le mariage est forcé; on s'en va à l'église en baissant les yeux de honte, pendant que les langues vont leur train... Quelles dispositions pour recevoir un sacrement! car le mariage est bien un sacrement qu'il faut recevoir en état de grâce, auquel on devrait se préparer comme à la première communion ; c'est bien le moindre souci. La jeune fille s'occupe de son trousseau et de sa toilette, le jeune homme de ses affaires; après cela...

Après cela on est malheureux, on se plaint, on s'accuse; les enfants sont mal élevés, on souffre ; à qui la faute ?

On se trouve dans le cas d'un brave homme qui, il n'y a pas longtemps, allait trouver le maire du 10e arrondissement, à Paris.

— Monsieur le maire, lui dit-il, je viens pour que vous ayez la bonté de me *démarier*.

— Vous *démarier!* mais je ne le puis...

— Comment, vous ne le pouvez; mais c'est vous qui m'avez marié. Ainsi vous pouvez bien défaire ce que vous avez fait.

— La loi s'y oppose.

— La loi ? La loi, je la connais aussi bien que vous; tenez, j'ai là dans ma poche un livre, vous allez voir... et il tire de sa poche un vieux Code dans lequel se trouvait une malencontreuse faute d'ortographe, une *s* ayant été remplacée par un *t*... puis il lit : « Le mariage n'est pas valide s'il n'y a *contentement.* » — Eh bien, monsieur le maire, je ne suis pas du tout content. Au contraire, je suis bien malheureux, je souffre beaucoup...

Que d'autres seraient de son avis ! Mais ils l'ont voulu, ils se sont jetés dans l'abîme; la première question n'était pas l'argent, c'était le cœur, c'était la vertu, c'était l'amour du travail, c'était tout ce qui fait la bonne mère ou le bon père de famille, c'était l'honneur surtout ; ensuite devait venir l'argent...

Le jour de la cérémonie, on va à la mairie, on s'engage par de solennelles promesses. Sans avoir l'air de comprendre, on arrive à l'église, on la remplit de tapage, on va, on vient, on cause, on rit, il semble que ce n'est plus le bon Dieu du dimanche et des autres jours; la jeune fille, rendons-lui ce témoignage, se tient assez bien, l'homme a l'air de revenir de Pontoise ; c'est à peine, quand le prêtre dit : Donnez-vous la main droite, si on peut venir à bout de la trouver ; ce n'est pas tout; la cérémonie terminée, il va trouver M. le curé, et il lui adresse cette question :

— Combien vous est-il dû ?

— Voyez le tarif : c'est sept francs cinquante.

— Sept francs cinquante ? C'est bien cher pour se marier ; est-ce que ça ne pourrait pas passer pour cinq francs; il y a M. le curé de tel endroit qui marie les gens pour cinq francs.

Il lui semble qu'il est encore à la foire où il marchande un mouton ; notez que l'homme qui dispute cinquante malheureux sous au pauvre curé, dépensera peut-être vingt francs de trop pour sa noce. N'agissez donc pas ainsi, cela vous rend haïssable ; si vous êtes pauvre, dites-le, on vous mariera pour rien ; mais conduisez-vous en homme bien élevé ; le jour de ses noces on a toujours de l'argent ou on doit toujours paraître en avoir.

Dans le reste de la journée, que la maison du repas n'ait pas l'air d'être une succursale de Bicêtre par les propos orduriers ou les demi-mots aussi bêtes que coupables qu'on y entend. Enfin que tout se passe comme cela doit se passer chez un honnête homme, alors même qu'il n'est pas chrétien.

LA MORT.

Mais voici la plus solennelle de toutes les circonstances : une grave maladie frappe une personne de votre famille ; elle va passer de ce monde dans la terrible éternité. Alors, prenez votre cœur, suivez ses inspirations, et ne vous occupez pas du reste, ce n'est pas le moment de songer aux misérables intérêts de la terre. Sur ce point, il y a bien des gens qui sont vraiment haïssables et qui font dire souvent de tous les habitants des campagnes: Sont-ils matériels, sont-ils grossiers, sont-ils brutes! Vous visitez un malade, vous l'examinez, puis des parents viennent vous faire cette question : Croyez-vous qu'il en ait encore pour longtemps? Je voudrais le faire songer à régler ses affaires, et puis il faut penser à commander son cercueil. Ils négligent d'abord de faire venir le médecin, sous prétexte que la maladie n'est pas assez grave ; à la fin on dit : Ce serait inutile, à quoi bon dépenser de l'argent ? Un cheval tombe malade, vite on va chercher un vétérinaire ; on voit un de ses parents souffrir, on dit : Aller chercher un médecin ça coûtera de l'argent. Une chose avant tout préoccupe : c'est la succession ; voilà ce qui fait tourner les têtes et tue les bons sentiments du cœur ; le pauvre moribond est encore là étendu dans son lit, il respire encore, et déjà les yeux sont sur les clefs des armoires ; on veille à ce que rien ne soit distrait, on calcule déjà ce que l'ensemble peut rapporter. On a l'air de se lamenter, mais si on pleure ce n'est que d'un œil ; pendant ce temps-là, le malade lutte avec la douleur et l'agonie ; c'est à peine si on a songé à envoyer chercher un prêtre ; cela abrégerait ses jours, dit-on, et quelquefois il y a sous cette apparence de pitié mal fondée un cruel sentiment.

On se dit : Mais si mon père avait acquis quelque chose injustement, le prêtre ordonnerait une restitution, ce serait autant de moins. Courage, mon père, disait un scélérat de fils à son père effrayé du bien d'autrui qu'il possédait, on s'accoutume à tout, vous vous accoutumerez à l'enfer comme à autre chose. Mais voici un noble langage : une jeune fille suppliait son père mourant de se réconcilier avec Dieu ; il refusait obstinément, elle insiste ; à la fin celui-ci lui glisse cette parole dans l'oreille : Me réconcilier, je le voudrais bien ; mais je ne le puis à cause de toi ; si je restituais tout ce que j'ai pris, il ne resterait presque rien. A ces mots, la jeune personne tombe à genoux au pied du lit de son père et le supplie de ne rien craindre pour elle. Comment pourrais-je jouir, ajouta-t-elle, d'une fortune qui serait le prix du bonheur et de l'âme de mon père ? Le prêtre vint, tout fut rendu jusqu'au dernier centime, et la jeune fille était heureuse !...

Cependant la mort a frappé ; naturellement, on fait quelques démonstrations de douleur, mais au meilleur marché possible ; on dit : C'était un si brave homme, c'était une si brave femme ; c'est un grand malheur ; jamais nous ne retrouverons ce que nous avons perdu. Cela n'empêche pas de marchander le prix de l'inhumation et les prières pour le défunt ; on lui fait dire une messe, deux messes, puis il est oublié. Oh! les morts ont bien raison de ne pas revenir, ils seraient désolés ; un homme laisse une jolie succession, et on regrette la petite somme que l'on dépense à son intention. Hâtons-nous de dire que, grâce à Dieu, il est beaucoup de contrées en France où les choses ne se passent pas ainsi. La mort y est chose sacrée : c'est l'affection chrétienne qui dirige toujours, les soins et les larmes sont sincères, et le mort n'est de longtemps oublié ; on va prier sur sa tombe, le dimanche ; chaque semaine, pendant un ou deux ans, une messe est dite à son intention ; vous entendez les cœurs honnêtes vous dire : Mes parents m'étaient si bons, c'est à eux que je dois une bonne partie de ce que je possède, et c'est bien juste que je fasse quelques sacrifices pour eux.

Mais si le mourant est un oncle ou une tante à succession, c'est bien autre chose encore ; tous les héritiers sont là à s'entr'-examiner sans perdre de vue l'héritage, on se jalouse, on redoute un testament, on redouble d'empressement auprès du bon oncle, ou de la bienheureuse tante ; on a l'air de les chérir, ce qui n'empêche pas que, si, à la mort, il se trouve un testament qui vous enlève tout ou partie de vos espérances, on se fâche, on maudit leur mémoire, on voudrait reprendre les services qu'on leur a rendus ; puis il faut voir la haine que l'on porte à ceux qui ont été mieux partagés, on crie jusqu'à les accuser d'avoir volé cette succession : si le testament avait été en notre faveur, tout eût été dans l'ordre, mais un testament en faveur d'un autre, c'est un vol. Il y a une soif d'argent qui met la division dans les esprits, la rage dans les cœurs ; oh! la triste position sociale, que celle d'un oncle ou d'une tante à succession, on ne sait jamais si on a des amis dans sa famille. Après les démonstrations les plus amicales, qui sait si on ne s'écriera pas comme un neveu : *Quel bonheur, mon oncle est mort!* expression atroce qui trahit le fond d'un cœur perverti.

On dit qu'un riche propriétaire normand allait mourir. Il n'avait pas d'enfants, mais il ne manquait pas d'héritiers, il avait des neveux; ils étaient là, autour de son lit, lui prodiguant les soins empressés que l'on prodigue en pareille circonstance, surtout à un oncle dont on doit hériter. Avant de mourir il voulut savoir si tout cela était sincère ; donc il leur commande à tous de se retirer, ils restent; il repète l'ordre ou il va les déshériter; il veut, dit-il, mourir seul; tous obéissent, moins une jeune personne; le mourant lui réitère son ordre, en la menaçant de la déshériter. « Oh! répond-elle, vous le pouvez ; ce n'est pas pour votre fortune que je veux rester auprès de votre lit, c'est pour vous. » Elle fut la seule héritière, et elle l'avait bien mérité! Oui, respectons les derniers moments du moribond, un jour nous serons à l'agonie comme lui, à moins qu'un accident ou une mort subite ne nous enlève le temps de réclamer les soins des hommes et le pardon de Dieu.

Voilà pour le corps... Mais le cœur ne doit pas être muet en présence de cette terrible et dernière lutte où l'âme et le corps semblent aux prises. L'honnête homme ne rencontre jamais un cercueil dans nos rues sans ôter son chapeau en signe de respect; c'est bien autre chose quand on voit un ami qui vous touche de près. sur le point d'entrer dans son éternité. Il y a là des devoirs et même des convenances à observer. Si le prêtre n'était pas venu, il faudrait courir le chercher, il est déjà si tard! Enfin on ne laisse pas mourir un homme comme un animal. Il a déjà bien assez souffert dans sa vie... Que dire à son propre cœur, pour le consoler, en présence de ce cadavre que la religion n'a pas béni, et à la pensée de cette âme partie pour l'éternité sans avoir reçu le sacrement du pardon?... On dit, il est vrai, pour s'excuser : « J'ai craint de lui faire de la peine, de porter un mortel coup à ce pauvre malade. » Soyez de bonne foi ; quand il est question d'un testament fait en votre faveur, vous n'êtes pas si réservé ; on ne manque pas de glisser ceci au malade : « Il est toujours mieux de prendre ses précautions, on ne sait pas qui meurt, ni qui vit, vous n'êtes certainement pas mourant ; mais, cela fait, vous serez plus content ; » et il est bien à craindre que l'on n'aime un peu plus l'argent de ses parents que l'on n'aime leur bonheur.

En général, il faut respecter la douleur et la mort, même dans l'étranger, l'inconnu et le pauvre. A Paris, ce respect est touchant : un convoi funèbre passe, tous, riches et pauvres, ôtent leur chapeau, et prennent une attitude digne et grave ; à la campagne, c'est la même chose : tant que le mort n'est pas encore dans la tombe, on se tient convenablement, au besoin on pleure ; la cérémonie funèbre terminée, on se rend avec ceux qui l'ont porté à son dernier asile au cabaret voisin ; là on boit, on parle, on se grise, on chante, et l'on se sépare presque en se disant : Vivent les morts, quel est celui que l'on enterrera prochainement ? Voilà quelque chose de dégoûtant, qui sent la barbarie et pas du tout la civilisation.

En toutes ces rencontres solennelles, montrons-nous Français et chrétiens, c'est-à-dire honnêtes, dignes, et pleins de cœur ; ne ternissons pas les plus beaux sentiments du cœur humain ; en chaque homme voyons un semblable, un frère, et un enfant de Dieu ; c'est plus qu'il n'en faut pour les respecter, et pour nous respecter nous-mêmes.

CHAPITRE VII

CE QU'IL FAUT FAIRE QUAND QUELQU'UN TOMBE MALADE.

A la campagne, il n'y a pas d'hôpital, souvent pas de médecin dans la paroisse, guère de moyens de se procurer une garde-malade ; du reste, il faudrait de l'argent pour la payer, et c'est déjà bien assez d'être privé de ses journées. Cependant la maladie visite de temps en temps, comme partout ailleurs, et une seule maladie ce serait suffisant pour mettre une famille dans la gêne, si elle n'était aidée. Il faut donc que chacun prenne sa petite part du mal, ensuite il sera moins lourd à porter.

Dans chaque village, grâce à Dieu, il y a une brave femme, bonne mère de famille, dévote à Dieu et charitable au prochain ; s'il en manque quelque part, il faut vite la créer, ce serait une honte pour ce village ; eh bien, cette brave femme, on commence par aller la chercher, si déjà elle n'est venue d'elle-même, le malade lui explique son mal, elle ordonne quelque remède innocent, elle remonte le courage du patient, donne un coup de main à son lit pour qu'il soit mieux couché. avertit la famille riche, apporte une couverture, un drap, un traversin; puis, si le mal est grave, on fait venir le médecin. N'attendons pas trop tard, c'est une économie qui coûte parfois bien cher; on avait une indisposition de trois ou quatre jours; faute d'avoir arrêté le mal de bonne heure, en en aura pour deux ou trois semaines, sans parler du danger auquel on a exposé sa vie.

Le médecin venu, faites en sorte que l'on suive ses prescriptions de point en point ; à quoi bon l'avoir appelé? à quoi bon l'argent dépensé, et surtout laissez dire les commères, si vous ne les mettez à la porte. Oh! les commères, voilà le fléau des pauvres malades à la campagne, elles pourraient bien avoir plus d'une mort sur la conscience.

M. Récamier a dit :

« La médecine des commères fait chaque

année plus de victimes que les épidémies les plus meurtrières. »

Enfin on a été chercher le médecin, et il arrive. Parents, amis, voisins, tout le monde assiste à sa visite. Si l'homme de l'art n'aperçoit aucune indication positive, s'il ne voit rien d'énergique à prescrire, il ordonne le repos, une tisane, et il se retire. Dès qu'il est sorti, s'élèvent les récriminations et les commentaires.

— Avez-vous jamais vu un médecin comme cela? il n'a rien ordonné seulement.

— Ces gens-là, ça ne donne pas grand'-chose, ils veulent prolonger la maladie...

Ne craignez pas moins la nourriture forcée.

Quand le père de famille est malade, la ménagère prend son panier, elle puise une pièce de cinq francs dans la bourse aux épargnes, et elle part pour le marché.

Son pauvre homme est malade, il ne s'agit pas de songer à l'économie.

Elle revient bientôt avec un bon pot-au-feu, quelquefois même avec un poulet; on met la poule au pot, et on arrive au lit du malade avec une bonne assiettée de soupe.

— Avale-moi cela, je t'y engage; cela te remettra, j'en suis sûre !

Le malade docile se soumet, et il gagne une indigestion qui, loin de le fortifier, l'affaiblit encore.

Je me rappelle une caricature qui m'a fait rire, parce qu'elle retraçait un ridicule réel, et qu'en riant je ne songeais pas aux résultats dangereux du travers qu'elle représentait.

C'était une femme en toilette de cuisine, arrêtée sur son carré; elle causait avec une voisine et tenait à la main une assiette toute pleine dans laquelle une cuillère se tenait debout; au fond du tableau, on apercevait, par une porte grande ouverte, la tête moribonde d'un malade couché dans son lit. Au bas de la gravure, on lisait ce petit dialogue :

« Eh bien ! votre mari est donc malade ? — Oui, ma chère, le médecin l'affaiblit avec toutes ses drogues; mais je viens de lui préparer cette petite soupe aux choux pour le réconforter un peu (1). »

Cette gravure représente parfaitement l'erreur que je viens de combattre.

Si la maladie continue, chacun s'efforce d'y apporter un petit adoucissement. L'un procure une douceur, l'autre une consolation; il faut passer les nuits, l'un veille jusqu'à minuit, l'autre jusqu'au jour. La nuit suivante, il s'en trouve pour rendre le même service. Si le bois manque, vous apportez votre morceau comme des enfants qui vont à la classe; si le linge fait défaut, vous prêtez

(1) Le docteur Jules Massé.

du vôtre ; ne faut-il pas bien que l'on s'entre-oblige dans la vie !

Le maire de la commune d'Heuilley-sur-Saône vient d'adresser le rapport suivant à M. le préfet de la Côte-d'Or :

« On rencontre parfois de ces traits rares, où la vertu, cachée dans l'obscurité, n'en a que plus de splendeur. Le trait suivant, dont j'ai l'honneur de vous faire part, sur la demande que vous m'en avez faite, fait honneur à la classe des citoyens pauvres, et prouve que, dans la position la plus malheureuse, on peut être très-utile à ses semblables.

» Dans la commune d'Heuilley vivait une pauvre femme octogénaire qu'on appelait Jeanne Séguin, veuve Fort. Née à Renève, morte à Heuilley, âgée de 82 ans, sans aisance, n'ayant pour partage que la misère, et pour abri qu'une pauvre chaumière, cette femme vécut du travail de ses mains tant qu'elle conserva assez de force pour gagner sa vie. Arrivée à un âge avancé, les maux de la vieillesse vinrent fondre sur elle et la rendirent impropre au travail ; elle se vit forcée d'avoir recours à la charité publique ; mais ses infirmités s'accrurent avec l'âge et la forcèrent à ne plus quitter sa chaumière, après l'avoir réduite à l'état le plus triste et le plus déplorable.

» Clouée sur son grabat, en proie à toutes les horreurs de la maladie, n'ayant pour la secourir ni parents, ni enfants, que va-t-elle donc devenir ? Tout le monde a pitié de cette malheureuse, et personne n'a le courage d'aller lui donner les soins que réclame sa triste position.

» Une femme, une seule femme se dévoue pour elle; c'est Jeanne Charlot, veuve Fleutot, née à Heuilley, le 27 février 1813. Depuis longtemps déjà cette femme partage avec la malheureuse le pain qui lui est à peine suffisant ; abandonnera-t-elle maintenant la malade que depuis longtemps elle secourt ? Non ; Dieu lui montre dans cette personne des misères à soulager, une œuvre méritoire : dès lors elle n'hésite plus.

» Ni les soins vils et dégoûtants que réclame la position de la malade ne la rebutent, ni même les plaintes qu'elle laisse échapper ; cependant l'état empirait et devenait de plus en plus alarmant.

» L'active et charitable veuve redouble aussi son courage, et son dévouement ne connaît plus de bornes : elle ne quitte plus la malade ; jour et nuit elle veille seule à son chevet.

» Enfin, épuisée de veilles et de fatigues, elle vient me prier de payer quelqu'un pour veiller avec elle. Personne n'a le courage d'aller respirer l'inqualifiable odeur qui règne dans la chambre. Cependant quelques jeunes gens se présentent et veillent de corvée, pendant deux nuits, l'agonie de la veuve Fort, qui expire le 31 juillet 1854.

» C'est à bon droit qu'on admire le dévouement de Jeanne Charlot, veuve Fleutot, dévouement qu'on peut à juste titre qualifier d'héroïque. Je ne dois pas omettre de faire mention, dans ce rapport, d'une action qui sera une nouvelle preuve de sa loyauté et de son désintéressement.

» Une somme de 15 fr. fut trouvée par elle dans le domicile de la défunte : loin d'avoir la pensée de garder cette somme, qui n'aurait été qu'un bien faible dédommagement des soins qu'elle lui avait prodigués et de la nourriture qu'elle lui avait fournie pendant sa maladie, qui dura trois ans, elle me la remit pour payer les principaux frais d'inhumation et le cercueil que je voulais faire faire aux frais de la commune.

» Voilà, Monsieur le Préfet, le détail imparfait du dévouement de Jeanne Charlot, veuve Fleutot, envers la veuve Fort; imparfait, dis-je, car il me serait difficile de faire le tableau exact de tout ce que cette courageuse veuve endura de privations et de fatigues pour une personne délaissée, manquant de tout, qui ne lui était attachée par aucun lien de parenté, et dont elle ne prit soin que par pur esprit de religion et de charité chrétienne. »

CHAPITRE VIII.

LA CHARITÉ.

Ce que je viens de dire pour la maladie, vous le ferez en toutes circonstances; il y a bien d'autres misères : il y a la pauvreté d'abord, il y a les accidents, un incendie, une inondation, une perte de bestiaux, une grêle, etc.; dans ces calamités, un homme aidé peut être un homme sauvé; si vous l'abandonnez à lui-même, il ne s'en relèvera jamais.

Parlons d'abord des pauvres.

Grâce à Dieu, il y a en général moins de pauvres à la campagne qu'à la ville; c'est donc un moins grand fardeau, aussi il ne faut pas chercher à s'en débarrasser comme on le fait quelquefois. Déplacer la misère n'est pas la guérir; que voulez-vous que ces pauvres gens fassent ailleurs où personne ne les connaît? surtout que voulez-vous qu'ils fassent dans une grande ville où ils seront perdus? N'imitons pas un brave maire qui donnait à volonté à ses administrés passeports et certificats excellents pour les envoyer à Paris. Comme quelqu'un s'en plaignait à lui : « C'est vrai, j'ai déjà envoyé une dizaine d'individus à Paris et j'en ai encore une vingtaine que je voudrais bien voir suivre les autres; ce n'est pas moi qui leur refuserai des certificats de bonne conduite : ce sont des gredins qui seraient bien capables de mettre le feu à ma ferme, des gueux qu'il faut nourrir; à Paris il y a des secours et une police. Qu'on fasse de ces gens-là ce qu'on pourra. » Avec ce système, la paix à Paris serait impossible, et bientôt il vous arriverait une révolution par la poste ou par le télégraphe; et puis fiez-vous à ceux qui vous présentent des certificats de M. le maire.

Le mieux est que chaque paroisse se charge de ses pauvres autant que possible. Ne les laissez pas aller mendier dans les paroisses voisines, surtout les petits enfants, vous en aurez bientôt fait des vauriens, des fainéants, des êtres qu'il faudra nourrir à perpétuité, eux et leur génération de paresseux; de même ne laissez pas circuler chez vous les enfants des autres paroisses; l'aumône que vous leur donnez leur fait bien du mal; soyez sévère sur ce point; que la diligence qui passe en votre pays ne soit pas entourée d'une foule de ces petits misérables déguenillés : c'est une honte pour vous, ce n'est pas là leur place, ils doivent être à l'école s'ils sont petits, au travail s'ils sont grands. Qui n'envoie pas ses enfants à la classe, à l'église, ne doit jamais être assisté : ce serait encourager et développer la misère et la fainéantise. Voici un moyen de procurer aux enfants pauvres, pour aller à la classe, du pain et des vêtements.

Souvent, dans les campagnes, les enfants vagabondent et ne vont pas à la classe, parce que les parents n'ont pas le moyen de les vêtir convenablement et de garnir le panier de vivres. Le curé de Saint-Paul-du-Verney (Calvados) a trouvé un moyen de remédier à cette misère : il a réuni tous les enfants pauvres de sa paroisse; il en a formé une espèce d'atelier, il s'est mis à la tête, et dans les heures libres on travaille, on ramasse des pierres que l'on vend, on fait des entreprises de travaux, des remblais, des nettoyages de fossés, des routes; on sarcle, on moissonne et on gagne de l'argent, et chacun trouve là son dîner et de bons vêtements, et, au lieu de vagabonds et de pauvres ignorants, leurs parents auront des enfants instruits et disciplinés au travail. Pour arriver au bien, il ne s'agit que de s'entr'aider.

Quant aux pauvres qui ne peuvent pas travailler, on se les partage, ou bien on s'entend ; aujourd'hui un pauvre trouve son dîner ici, demain, ailleurs, sans parler des petites provisions de pommes de terre, de bois, de graisse que l'on a eu soin de faire déposer chez eux au commencement de l'hiver. C'est un incendie, on y court, on se dévoue, on sauve tout ce que l'on peut. Dieu soit béni, cela se voit souvent en notre généreux pays de France.

M. le préfet du Var a signalé à M. le ministre de l'Instruction publique, en lui transmettant la note suivante, l'honorable exemple que vient de donner M. Roux, instituteur public de son département, à l'occasion d'un incendie :

« Dans l'incendie qui vient de réduire à un état de gêne voisin de l'indigence le nommé François, fermier de M..., aux Arcs, près Draguignan, tous les habitants de la commune, accourus sur le lieu du sinistre, ont fait leur devoir; les maçons et les travailleurs ont fait preuve du plus intrépide dévouement, et citer les noms de tous ceux qui se sont distingués serait trop long. Mais nous ne pouvons résister à l'admiration que nous ont inspirée le courage, le sang-froid et la présence d'esprit de l'instituteur communal, M. Roux, qui n'a cessé, tant qu'a duré le danger, de se tenir sur la brèche, de combattre le feu, animant les autres de la voix et du geste, et qui n'a quitté le lieu du sinistre qu'après avoir vu s'éteindre la dernière étincelle, au milieu des acclamations et des félicitations des habitants.

» Ce n'est pas la première fois que M. Roux nous donne ainsi le spectacle touchant des nobles sentiments qui l'animent : déjà, et à peine l'épouvantable nouvelle des inondations qui ont affligé nos malheureux voisins fut-elle connue, que ce digne instituteur, assuré de l'agrément de ses chefs, prit l'initiative des souscriptions, et, le premier entre tous ses collègues du Var, versa dans les caisses publiques le montant de la modeste collecte à laquelle il fit participer ses heureux élèves. Aujourd'hui, son cœur intelligent et dévoué a compris d'abord qu'après avoir triomphé de l'incendie, il y avait encore des misères à éteindre, et il a pensé aussitôt à une nouvelle collecte. Ce projet à peine conçu a été suivi d'une prompte et heureuse exécution. Après avoir obtenu l'autorisation de M. le maire des Arcs, il a organisé une souscription en faveur de l'infortuné François; une somme de 178 fr. 30 cent., qui en a été le produit, a été remise à ce dernier, en présence de M. le maire et d'un honorable vieillard, nommé Lombard, qui a voulu s'associer à la bonne action de M. Roux, et qui l'a accompagné dans ses diverses excursions. »

Voilà ce que vous ferez; de plus, si le pauvre incendié n'est pas riche, on lui donne un coup de main pour rebâtir sa maison, le cultivateur donne des charrois, le propriétaire un arbre, le fermier de la paille, le charpentier, le maçon, le menuisier, le maréchal donnent des journées, et tout est bientôt restauré, et voilà un homme relevé.

Agissez ainsi en toute autre semblable occasion.

Un père de famille est indisposé, il ne peut cultiver son champ, il va subir de ce côté-là une autre perte, le chagrin même le mine. Eh bien, deux ou trois hommes de cœur se réunissent, s'entendent et vont en trouver une douzaine d'autres, et un beau matin le champ est travaillé, mis en état, et le pauvre homme est à moitié guéri.

Un vigneron de Sainte-Ruffine, père de trois enfants, étant tombé d'un arbre, s'est luxé l'épaule, et il ne pourra par conséquent travailler de longtemps; sa femme est également empêchée pour cause de maladie. Le maire de la commune a eu l'heureuse pensée de demander aux habitants de venir à l'aide de ce pauvre ménage dans les travaux de culture. Cet appel a été dignement compris, et trente vignerons au moins sont venus faire à la vigne de leur camarade les travaux indispensables. Beaucoup d'autres, n'ayant pu dans le moment prendre part à cette bonne œuvre, ont promis de payer à leur tour le saint tribut de la charité.

Des habitants de la commune de Jussy, au nombre de huit, ont voulu aussi concourir à cette bonne action.

A Léry (Eure), sur l'appel bienveillant du maire, cinquante habitants se rendaient aux champs pour avoir soin des récoltes appartenant à une malheureuse famille. En peu d'heures, légumes de toute espèce et autres récoltes ont été sarclés, binés et mis en état au profit de cette famille, douloureusement éprouvée par la mort de deux de ses membres. Cette tâche terminée, chacun des travailleurs rentrait chez lui, heureux de cette bonne action accomplie spontanément et avec une modestie qui en relève le mérite.

En toute circonstance, qu'il y ait un brin de charité. On se marie, c'est un jour de fête, qu'il y ait une aumône pour les pauvres, une offrande à l'église, même la création d'une institution qui soit un souvenir et une bénédiction pour votre union, si vos moyens le permettent.

On tire au sort, encore une occasion de faire du bien. Il ne serait pas mal de donner aux pauvres au moins une partie de l'argent que l'on dépense de trop ce jour-là, tout le monde s'en trouvera bien.

Une troupe de jeunes conscrits, qui venaient de tirer au sort, traversait, il y a quelque temps, en chantant, une rue du quartier des Terreaux, à Lyon, ayant tous à leur chapeau des rubans ornés de couleurs éclatantes, et ayant passablement bu, comme le veut une fâcheuse coutume. Tout à coup, ils aperçoivent deux *Petites-Sœurs des pauvres*, revenant humblement de quêter pour les soixante-dix-sept vieillards qu'elles ont déjà recueillis, et qu'elles soignent avec dévouement. Le premier de la bande impose alors silence à ses camarades, et leur dit :

« Mes amis, je connais ce costume ; ce » sont des Sœurs qui se dévouent au soula- » gement des vieillards les plus pauvres ; » nous avons assez bu aujourd'hui, aidons à » cette bonne œuvre et donnons aux Sœurs » l'argent qui nous reste. »

Là-dessus, pendant qu'il énumère le bien que font les Petites-Sœurs, chacun fouille ses poches, vide sa bourse ; puis, l'un des jeunes conscrits, cachant son chapeau et ses rubans le mieux qu'il peut, se présente à la maison des Sœurs, et raconte ce qui vient de se passer. L'accueil qu'il en reçoit l'émeut tellement qu'il en rend compte à ses camarades, et que sur son récit tous veulent avoir la satisfaction de visiter le nouvel établissement. Ils y entrent et le parcourent avec l'admiration la plus grande.

« Mes Sœurs, dit l'un d'eux en se retirant, « nous sommes pauvres, un jour peut-être « nous aurons à venir vous demander une » place. En attendant, tant que nous le pourrons, nous vous aiderons de nos faibles » ressources. »

N'est-ce pas bien finir une journée commencée dans de déplorables et ruineux plaisirs ? Que de gens feraient bien de prendre modèle sur les jeunes conscrits de Lyon, et de consacrer aux pauvres et spécialement à leurs parents pauvres et infirmes, ce qu'ils gaspillent si follement au cabaret !

Voici un trait qui résume et qui confirme tout ce que nous avons dit dans les deux chapitres précédents, il a été raconté dans un comice agricole par un témoin oculaire :

« Bricard, marié jeune encore, était venu cultiver avec sa femme la petite ferme de Sours, où demeurait sa mère. Dieu n'avait pas tardé à bénir une union si chrétienne; dix enfants, dont huit vivent encore, en furent le fruit. Tous ont été élevés dans l'amour de la vertu et du travail.

» L'intelligence et le courage de Bricard, l'économie et l'ordre de son excellente femme, et les produits d'une ferme d'un peu plus de six hectares, avaient suffi à cette nombreuse famille. Bricard n'avait pas cessé, même dans ses plus mauvaises années, de bien payer son maître, et lorsque son troisième fils était tombé à la conscription, il avait réuni toutes ses économies et trouvé 1,500 francs pour lui acheter un remplaçant.

» Béni de Dieu et aimé de ses voisins, le pauvre ménage prospérait; car, s'il n'avait pas d'argent, il n'avait pas de dettes. La ferme, cultivée comme jardin, nourrissait la famille entière : l'aîné des cinq garçons avait vingt-sept ans, et la plus jeune des filles en avait onze.

» On était alors à la fin de 1850. A la même époque, dans la commune de Saint-Quentin-en-Mauges, vivait un frère de Bricard, marié et père de cinq enfants, dont l'aîné avait sept ans à peine. Il était dans un état voisin de l'indigence, lorsqu'il fut atteint avec sa femme de la fièvre typhoïde.

» Bricard accourt à cette mauvaise nouvelle, et, ne pouvant rester que quelques jours éloigné de la ferme, il laisse sa femme au chevet du lit de son frère et de sa belle-sœur : elle y reste six mois entiers, sans rétribution ni salaire, séparée de son mari, de ses enfants, de son ménage ; puis, quand la mort frappe successivement les deux époux, Bricard revient trouver sa femme ; ils adoptent les cinq orphelins, et, malgré les conseils qu'on leur donne, quoiqu'il n'y ait d'autre héritage que deux couchettes et un berceau, ils conduisent leurs neveux et leurs nièces à la ferme de Sours.

» Vainement leurs voisins leur disent qu'ils ne peuvent pas les élever tous, qu'il y a d'autres parents plus aisés, que c'est presque tenter la Providence. A toutes ces objections, Bricard n'a qu'une réponse : « Je suis le frère de leur père. Ma femme, mes enfants et moi les aimerons mieux que tous les autres, et Dieu ne nous abandonnera pas. — Mais la ferme de Sours ne peut ni loger ni nourrir les nouveaux venus. — Qu'importe? Bricard dira alors à ses propres enfants : Quatre de vous vont quitter la maison et se gager chez de bons métayers. Il y aura encore neuf enfants à la ferme, et de plus votre père et votre mère. »

» Voici aujourd'hui six ans que cet excellent homme continue cette œuvre de dévouement, quoique ses forces soient bien épuisées par un travail excessif. Si on lui parle de sa charité, il paraît tout surpris; il croit avoir fait une action très-ordinaire et s'étonne du prix qu'on y attache. Sa seule science est d'aimer Dieu et de bien cultiver ses champs. Rien n'égale sa foi et son abandon à la Providence. Ses petits neveux sont devenus ses enfants, et il leur prodigue les soins de la nourrice la plus tendre.

» La première fois que j'allai le voir à Sours, il berçait le plus jeune en tenant le second sur ses genoux, tandis que sa femme, entourée des trois autres, préparait le laitage qui devait servir de nourriture à tous. Des larmes d'émotion me vinrent alors aux yeux, et je pensai à ces trésors de charité et de vertu enfouis dans le cœur des admirables paysans de nos contrées, « familles vraiment patriarcales au milieu des excès d'une civilisation corrompue, inébranlables contre les blasphèmes qu'ils sont forcés d'entendre, purs au sein des scandales qui les environnent et les affligent, vivant pour Dieu et pour le bien public. »

» L'année dernière, le cinquième fils de

Bricard tombait à la conscription. Resté avec ses parents à la ferme, il en était la consolation et l'appui. Ses trois frères aînés se réunissent à cette triste nouvelle et prennent la résolution de lui acheter un remplaçant. Mais quel moyen prendre ? Ils ne possèdent rien à eux trois. Leurs gages, depuis six ans, ils les ont donnés à leur vieux père, sans se réserver autre chose que leur entretien. Mais ils ont confiance en Dieu et en des maîtres qui les aiment. Ils les prient de leur avancer cinq ou six années de gages; ils travailleront gratuitement pendant tout ce temps, et ils auront ainsi le bonheur de conserver leur frère.

» Très-bien, mes garçons, dit un des bons métayers qu'ils servent si fidèlement, je ne demande pas mieux que de vous venir en aide ; mais si vous alliez mourir, mon argent serait perdu. — Nous n'y avions pas pensé. C'est vrai, vous ne seriez pas remboursé, répondent ces pauvres jeunes gens, d'une voix attristée. — Non, mes amis, Dieu vous conservera pour terminer votre bonne œuvre ; mais, en tout cas, cette crainte n'est pas un obstacle. Voici l'argent que vous demandez.

» Quelques jours après, au conseil de révision, Bricard présentait un remplaçant pour son fils ; il lui avait coûté 3,200 fr.

» Ici, tout est admirable, et, en vérité, on

est fier d'habiter un pays qui produit de telles vertus.

» Le malheur peut frapper à la porte de toutes nos familles. Nous aussi pouvons avoir la garde de petits orphelins. Que l'exemple sublime du pauvre cultivateur Bricard nous revienne alors en mémoire. Tâchons de le suivre au moins de loin, si nous ne pouvons faire aussi bien que lui. »

CHAPITRE IX

VOTRE ÉGLISE ET VOTRE CURÉ.

Il est dans chaque paroisse un édifice qui domine ordinairement tous les autres édifices, c'est l'église... Que j'aime, en parcourant la France, à voir ces clochers et ces flèches qui percent à travers les maisons et les arbres ! et dire que nul village n'en est privé ; partout il y a un asile où chacun peut trouver repos, consolation, joies de cœur, utiles enseignements, et surtout le premier des biens, l'espérance ; vénérons et aimons ce monument, toujours si vénérable et parfois si beau ; savez-vous qu'il y a souvent plus de véritable architecture dans une église de campagne que dans les plus superbes édifices que l'on bâtit aujourd'hui dans les villes ; puis c'est l'œuvre de nos pères. Ce sont leurs mains catholiques qui ont élevé ces vieux murs, poli ces colonnettes, sculpté avec amour ces pierres où leur foi est gravée en caractères ineffaçables. C'est là que de génération en génération, ils sont venus s'agenouiller, prier, s'instruire, chercher le courage d'endurer les peines de la vie. Ces murs et ces colonnes ont entendu leurs chants et leurs soupirs peut-être. Ces vieux pavés ont reçu leurs larmes. C'est là que nous-mêmes avons été baptisés, que nous avons fait notre première communion, que nous avons été bénis dans toutes les grandes circonstances de notre vie. C'est là que l'on apportera un jour notre corps avant de le rendre à la terre d'où il est sorti. C'est dans le cimetière voisin que reposent les ossements de nos aïeux en attendant la dernière résurrection. Oh ! notre église, c'est tout pour nous, c'est le monument de tous, c'est le plus respectable édifice de la paroisse, c'est le chemin du ciel, c'est la patrie d'en haut, et la patrie de la terre avec la mairie et l'école, pour nous, c'est la France.

Il faut donc l'entourer d'une fidèle affection, l'entretenir avec soin, la restaurer, l'embellir sans cesse, en être fier, c'est bien permis; il serait désolant que ce ne fût qu'une espèce de ruine. Comment habiter une maison passable, quand Dieu est logé dans une espèce de masure? Il a bien quelque droit, je pense, à être au moins aussi bien logé qu'un honnête bourgeois. C'est une honte pour les habitants d'une commune de laisser leur église dans un état de désolante ruine. Que voulez-vous que pense l'étranger qui passe et qui la visite? Il se dit : A coup sûr, voilà une bien triste population.

Il est vrai, pour s'excuser de cet abandon de la maison de Dieu, on dit : Notre paroisse est pauvre, elle a peu de revenus et tant de charges; il faut entretenir les chemins, etc. Raccommodez les chemins, je ne m'y oppose pas; mais, en donnant vos soins au chemin qui mène à vos champs, n'oubliez pas le chemin qui mène au ciel, faites au moins deux parts. Ce n'est pas trop demander. Une commune faisait une pétition pour demander un secours pour restaurer son église; elle était si pauvre, si pauvre, disait-elle, qu'il ne lui restait rien, attendu qu'elle avait dépensé *quatre mille francs pour les chemins.* Plaignez donc une commune qui a quatre mille francs à mettre à l'entretien de ses routes. Il est certains conseillers municipaux et même, je le dis tout bas, certains marguilliers qui semblent s'être donné la mission de retenir l'argent dans la caisse ; quand il s'agit de l'église, ils ont l'air de se dire : C'est de l'argent perdu. Une église, ça coûte gros, et qu'est-ce que ça rapporte, pas grand'chose, rien. Que si, que si, l'église rapporte quelque chose : des consolations pour ceux qui souffrent, et le nombre en est grand ; elle rapporte des enfants dociles et obéissants, ce qui n'est pas à dédaigner ; elle rapporte des jeunes filles vertueuses et modestes qui font la joie de leur mère au lieu de faire sa désolation et sa honte, bon produit par le temps qui court ; elle rapporte des fils rangés et laborieux qui respectent et assistent leur père au lieu de l'abreuver d'amertume et de le ruiner, denrée assez rare de nos jours, et qui n'est pas du tout à mépriser ; elle nous rapporte d'être des hommes sociables et non des espèces de sauvages qui ne se voient que quand le hasard s'en mêle.

Enfin, si l'argent manque, on se partage le fardeau, comme nous l'avons dit ailleurs : les hommes prennent le chœur, la chapelle de la sainte Vierge revient naturellement aux femmes et aux jeunes filles, les fonts baptismaux aux petits enfants. Les hommes dépensent un peu moins inutilement, font moins de stations en certains endroits où ils en font trop ; les femmes achètent moins de colifichets ; les enfants tournent moins à la poupée, et la maison de Dieu est restaurée, embellie, superbement ornée, comme il convient à la majesté de celui qui y réside. Une femme vient dans l'église avec une brillante toilette, et pendant ce temps-là l'ornement du saint sacrifice a l'air de jouer le rôle d'une guenille. Honte et absence de foi! Il faut que votre église soit toujours la mieux décorée du pays ; on achète une belle chasuble, un dais ailleurs, pourquoi n'en auriez-vous pas autant ?

S'il s'agit d'une grande réparation, d'une reconstruction, tout le monde met la main à l'œuvre ; c'est une vraie fourmillière de travailleurs. Monsieur le curé est à la tête, on creuse les fondations, on maçonne, on charpente, chacun donne son chêne ; puis, c'est de la pierre, de la terre, de la chaux, des charrois. Et voilà comme nos grandes églises de France ont été bâties. Ce fut l'œuvre de tout le monde. Alors on peut dire en toute vérité : *Notre église.*

Du reste, je suis heureux de le dire, il y a par toute la France un grand zèle pour l'entretien et l'embellissement des églises ; on restaure, on rebâtit, on orne, on place des cloches, des orgues. Il faut en faire autant.

On s'ingénie de toutes les façons pour se procurer des fonds, afin de ne pas laisser tomber en ruine des maisons que nos pères ont élevées à Dieu sur la terre.

Il y a quelques années, dans les montagnes de l'Auvergne, on rebâtissait une église; les pauvres habitants de l'endroit s'étaient imposés; ils avaient travaillé, fait tous les sacrifices, et l'édifice n'était pas achevé. C'était une grande désolation ; mais là se trouvait une femme, dévouée, comme il s'en trouve tant ailleurs, brave vieille fille; elle s'arme d'un courage héroïque et prend la résolution, elle qui n'était jamais sortie de ses montagnes, de venir à Paris solliciter, pour sa chère église, la charité de l'Empereur et de l'Impératrice.

La voilà donc partie pour Paris, avec le costume de son pays : jupon court et coiffure plus solide qu'élégante. Elle fit presque toute la route à pied, et une route de cent cinquante lieues c'est bien long. Enfin elle arrive et s'en va tout droit aux Tuileries. Sans façon, elle enfile la grille ; mais la sentinelle l'arrête et lui adresse cette question :

— Où allez-vous, ma bonne mère?

— Je vais parler à l'Empereur ou à l'Impératrice, n'importe lequel.

— Ils ne sont pas ici.

— Où sont-ils donc ?

— A Saint-Cloud.

— Où est-ce cela, Saint-Cloud? Y a-t-il loin?

— Deux lieues.

— Par où y va-t-on ?

— Suivez la Seine. A la barrière vous demanderez.

La voilà encore partie pour Saint-Cloud.

Elle entre avec le même sans-façon ; mais une voix l'arrête et lui crie :

— Eh ! la petite mère, où allez-vous donc ?

— Je vais parler à l'Empereur.

— Ah ! vous allez parler à l'Empereur ! J'en suis bien fâché ; vous ne le pouvez pas. Votre robe est trop courte.

La brave femme prend la plaisanterie au sérieux, se retire et s'en va dans un fourré du bois de Saint-Cloud. Là, elle passe trois ou quatre heures à défaire le rempli de sa robe, puis revient avec un air de satisfaction. Elle aborde la sentinelle et lui demande si sa robe n'est pas assez longue pour parler à l'Empereur. Le soldat ne paraissait y rien comprendre. Ce n'était plus le même. La pauvre femme s'en aperçoit, et elle a beau dire que son camarade lui avait bien promis qu'elle serait admise auprès de l'Empereur si sa robe était plus longue; que certainement elle était allongée d'au moins deux pouces. Il fallut renoncer à voir l'Empereur ; mais hâtons-nous de dire qu'elle ne perdit ni ses peines, ni ses pas, ni ses frais de toilette : son église reçut un large témoignage de la munificence de Leurs Majestés.

Mais souvenez-vous que le plus bel ornement d'une église c'est vous-mêmes ; malgré tout ce que j'ai dit et ce que je dirai encore de vos malices, c'est une grande foule, ce sont des bancs remplis, des oreilles attentives, des voix d'hommes, de femmes, de petits enfants mêlés à la voix du pasteur. Voilà ce qui ravit le cœur de Dieu, ce qui enchante l'œil de l'homme, ce qui le rend meilleur en lui faisant aimer davantage Dieu et l'humanité.

Dans chaque église, il y a un curé, c'est-à-dire, un bienveillant intermédiaire entre Dieu et les hommes ; il offre le saint sacrifice, il instruit et forme les petits enfants ; il prie pour ceux qui ne prient pas, il fait du bien à ceux qui souffrent, voilà sa mission.

Le prêtre est l'homme de tout le monde, et il faut avouer que tout le monde use de ce bénéfice. On est parfois si exigeant à son égard ! C'est une si belle institution que celle qui place dans chaque village de France un homme intelligent, dévoué, libre de tout lien de famille pour y combattre le mal sous ses différentes formes. Et il faut savoir gré à celui qui accepte cette difficile mission. Disons-le, en France on en tient compte au prêtre ; il est vrai, on le taquine un peu, on lui cherche misère parfois ; mais, au fond, quand on est bien soi-même, on sait apprécier ses services et lui donner la confiance qu'il mérite. Une grande peine vient vous frapper, on va la confier à M. le curé ; une grande misère arrive à quelqu'un, on court en informer M. le curé ; on veut demander à Dieu une grâce extraordinaire, on va trouver M. le curé. Il est juste de dire que le clergé français est digne de cette confiance. Savez-vous que notre clergé est regardé comme le premier clergé du monde, et ce qu'il fait aujourd'hui est admirable ; si un prêtre a un tort, on en parle, mais on dit peu de chose du bien que font tant de milliers d'autres prêtres ; du reste, on y est tellement accoutumé, qu'on n'y fait guère attention, tant les belles actions sont naturelles chez le clergé. Toutefois, ce serait bonne justice d'en mettre au moins quelques-unes dans la balance. Le clergé fait partie de la France, et son mérite est une part du patrimoine de gloire nationale. Citons donc quelques-uns de ces beaux traits, ils feront mieux connaître le clergé. Ce sera de plus un acte de justice :

« Le desservant d'une paroisse ravagée par une dyssenterie (Notre-Dame-des-Landes), se rend chez une pauvre famille. Le père, la mère, six enfants gisent sur des lits pleins d'ordure, en proie à d'horribles souffrances; une odeur infecte s'exhale de cette maison : le bon pasteur, pouvant à peine respirer, exhorte, encourage, rend un peu d'espérance, saisit un balai, nettoie tout, met tout en ordre; puis court à un kilomètre, chez une respectable famille. « Marie, » dit-il, à l'aînée des filles, j'ai besoin de » vous, il faut que vous acheviez l'œuvre » que j'ai commencée; les T... sont bien » malades, il faut que vous les soi- » gniez. » La jeune fille semble hésiter, rougit, baisse les yeux, garde un instant le silence, relève la tête et répond : « J'y vais, » monsieur le curé. — Bien, ma fille; » j'allais t'en donner l'ordre, dit la mère. » Ta sœur se rendra chez les Z..., qui ont » la dyssenterie et personne pour les soi- » gner. »

Quelle simplicité dans le dévouement de la mère et de ses deux jeunes filles! La Providence les a protégées; malgré toutes leurs fatigues, elles n'ont point été malades.

Que manque-t-il pour que tous en fassent autant? Il manque une aussi terrible maladie, et je ne me plains pas qu'elle manque ; mais qu'elle vienne, et vous verrez ce que sait faire votre curé. — Quant aux pauvres, c'est sa famille ; malheureusement ses revenus ne lui permettent pas toujours de les secourir comme il le voudrait : quand il le peut, sa charité est si bonne !

« Il y a dans Paris un curé qui, de patrimoine, possède une maison considérable au milieu d'un quartier malaisé. Le curé est allé prendre ailleurs une très-humble habitation. Et de sa maison, qu'en a-t-il fait ? On l'a, du haut en bas, disposée, par son ordre, en petits logements qu'il loue *gratis* à de pauvres ménages d'ouvriers, à la charge pourtant, par les preneurs, qu'ils garniront les lieux de vertus modestes conformes à leur état. Il met au premier rang la propreté, en quoi sans doute il a grande raison.

» De temps en temps, le bon curé va s'assurer par lui-même que chaque locataire remplit exactement les conditions du bail, que les petites chambres sont bien tenues, que les journées sont laborieuses, et qu'une vie exemplaire se partage entre un travail assidu, des devoirs pieux et des affections de bon père et de bon mari. Alors que de joie pour le propriétaire ! Il appelle cela *toucher ses revenus*, et rentre heureux et riche dans son petit réduit. Il fait plus : une blessure, une maladie, un accident arrivent-ils à quelques-uns de ses hôtes, il leur vient en aide, *à titre de réparations locatives*. Que voulez-vous, il aime qu'on se plaise chez lui, et dans cette vue il n'épargne pas les frais. Il vit de si peu ! »

Avec tout cela, s'il survient une calamité, vous verrez qu'il se trouvera des gens pour la mettre sur la conscience des prêtres. Arrive le choléra, ce sont les prêtres. Le blé est cher, ce sont eux qui veulent affamer le peuple. Il y aurait vraiment de quoi décourager des cœurs moins dévoués, mais ils laissent dire, et ils aiment mieux travailler à réparer le mal. Dans le temps de la cherté, un bon curé de campagne écrivait à un marchand d'orfévrerie de Paris la lettre suivante; elle révèle un cœur rempli de foi et de charité, qui sait s'exécuter gaiement. Cette lettre devait rester secrète; mais le commerçant en a été si touché qu'il n'a pu résister au désir de la communiquer à d'autres:

« Monsieur,

» Les jours les plus pénibles pour les malheureux ne sont pas encore passés : les ressources s'épuisent et la misère augmente. Pour moi, je ne puis plus subvenir aux besoins de mes indigents qu'en vendant mon argenterie. J'ai la ferme confiance que ma soupe sera meilleure dans ma cuillère d'étain, si mes cuillères d'argent peuvent procurer quelques pains de plus à ceux qui ont faim.

» Je profite de l'absence de ma vieille domestique, qui jetterait les hauts cris si elle voyait sa cuisine dépouillée de ses richesses. Ces coups doivent se faire à la sourdine. Je compte donc sur votre discrétion, en vous priant d'acheter cette argenterie au prix que vous fixerez dans votre exquise délicatesse. Je joins deux salières, et, de plus, deux montres, trottant un peu mieux que le soleil, qui me semble un peu en retard cette année. L'une de ces montres est anglaise, c'est tout dire ; l'autre est à répétition, et elle est française.

» J'avoue que je n'ai jamais pu les mettre d'accord ; mais faut-il s'étonner qu'il n'y ait point d'entente entre deux machines combinées par le génie de deux nations rivales ? Au reste ce désaccord, par esprit de nationalité, prouve la régularité de leurs mouvements. Vous les achèterez donc et les revendrez comme excellentes ; puis, quand ce petit bagage sera, par vos soins, converti en pièces de 5 francs, vous remettrez sans bruit la somme au digne patachon qui vous présente cet envoi ; alors nous aurons fait une bonne action à deux, et vous aurez votre part auprès de Celui qui ne laisse pas sans récompense un verre d'eau froide donné de bon cœur.

» Je vous témoigne à l'avance ma reconnaissance pour le service que vous allez rendre à mes pauvres et à moi. Je prends la liberté de vous recommander de nouveau une silencieuse discrétion touchant cette affaire commerciale ; si la police le savait elle me forcerait de prendre une patente de marchand de bric-à-brac.

» J'ai l'honneur d'être, etc. »

Malgré tout cela et tant de dévouements, on est sévère, on est dur même pour les prêtres ; il faut que je vous le dise. Savez-vous que vous faites parfois cruellement souffrir votre curé. Vous êtes assez large de conscience pour vous, vous vous permettez un peu de tout, à lui vous ne permettez rien ; on épie ses démarches, ses paroles. Encore ne sait-il comment s'y prendre ; il reste chez lui et ne reçoit personne, pas même des confrères, on dit : Notre curé est une espèce de sauvage, il thésaurise ; il reçoit quelquefois, on dit : Oh ! ces messieurs se traitent bien, pendant que nous avons tant de mal. Lorsque vous travaillez aux champs, il est bien heureux si ses oreilles ne sont pas frappées de paroles inconvenantes ; toutefois on s'en dédommage quand il est éloigné, en disant : Est-il heureux, bien nourri, et rien à faire, en voilà un paresseux ! et lui s'en va en répétant son bréviaire et en priant pour vous. Sans parler de tous les petits désagréments que lui font endurer certains docteurs, certaines fortes têtes du village, il suffit que M. le curé veuille faire d'une façon pour qu'ils adoptent une autre manière d'agir ; il sait tout cela, allez, ça ne l'empêche pas de vous aimer, de vous faire du bien, de prier pour vous. Ça ne l'empêchera pas d'accourir auprès de votre lit de douleur. Pourquoi donc le faire souffrir ? c'est faire acte de mauvais cœur ; sans doute il ne compte pas sur les récompenses humaines, mais un peu de reconnaissance est toujours une belle chose et un devoir. Cela fait tant de bien de rencontrer la reconnaissance sur son chemin, et l'âme est si profondément blessée par l'ingratitude. Laissez donc tous ces malentendus, sacrifiez une partie de vos vues, de vos idées, et même de votre amour-propre, et entendez-vous avec votre curé pour faire du bien à votre chère paroisse, pour en faire à l'église, aux pauvres, aux affligés, aux petits enfants, et que l'on dise de vous : Le bon peuple ! le bon curé ! la bonne paroisse !

CHAPITRE X

LA PROBITÉ. — DEVOIRS DES BONS TÉMOINS.

Aujourd'hui on fait sonner bien haut le mot de probité. On a soin de dire et de redire qu'on est honnête homme, on s'en fait même un prétexte pour ne pas pratiquer sa religion : *il suffit d'être honnête homme.* Prenons garde, la chose est délicate, un homme vraiment probe ne songe même pas à le dire. Est-ce donc un si grand mérite de n'être pas un voleur pour en tant parler? parlons moins de notre probité, et tâchons de ne jamais la violer.

Sans doute, on ne se fait pas toujours voleur franc et déterminé ; on n'oserait se l'avouer à soi-même ; mais l'habitant des campagnes ne manque ni de petites ruses ni de petits moyens pour s'approprier le bien d'autrui ; le champ du voisin surtout, s'il pouvait seulement l'écorner d'un petit côté ; il tourne autour, il l'examine, il touche la borne pour voir si elle est solide. Que faites-vous là, mon cher, et voudriez-vous bien me dire quelle différence il y a entre vous et l'homme qui, la nuit, ébranle une porte, examine la manière d'escalader commodément une fenêtre? Et puis la belle affaire ; vous prendrez longtemps de la terre du voisin avant d'en avoir pour 1 franc de rente, ce qui ne vous empêchera pas de risquer votre âme.

Et dans les ventes, les achats, les marchés, comme on dupe son prochain! Non-seulement on ne se le reproche pas, on s'en fait une sorte de gloire; on est volontiers de l'avis d'un vieux marchand de chevaux qui, voyant un brave homme conduire à l'équarrissage un mauvais cheval, s'écriait : *Maladroit, il fallait me retaper c'te bête-là, tu pouvais en faire 150 francs et attraper facilement ton homme.*

On est métayer, c'est-à-dire on tient une propriété à moitié. On se dit : J'ai bien du mal, le propriétaire est riche. Cela de plus ou de moins, c'est peu; puis on prend un peu de blé par-ci, un peu d'avoine par-là, et naturellement on vient encore rechercher sa part de ce qui reste, et on a le courage de dormir tranquille. Si un autre agissait de cette façon à notre égard, il serait traité carrément de voleur; avouons qu'il l'aurait bien mérité.

Parlerai-je encore de ces grossières ruses qu'on emploie pour s'emparer du bien d'autrui, qui ne peuvent être admises par personne, pas même par celui qui s'en sert? On donne un coup de pouce à la balance, on met de bon blé sur le sac et au fond, le milieu est rempli de blé de qualité inférieure ; le beurre est falsifié, le vin mélangé d'eau, sans parler du lait, etc. Avec tout cela, que devient la probité, où est l'honnête homme ? je le cherche et je ne le trouve pas.

Plus d'une fois on s'est écrié : Oh ! si je trouvais donc une bourse, une valise ! Les autres trouvent quelque chose ; moi, je ne trouve jamais rien. A quoi bon trouver, c'est un embarras, car apparemment vous ne pourriez le garder ; il faudrait faire des démarches pour découvrir le propriétaire. Je ne sais s'il n'y a pas un mauvais sentiment de caché dans ce désir. Prenez garde, à lui tout seul il peut vous flétrir du nom de malhonnête homme, car l'homme probe se hâte de rendre, et, grâce à Dieu, notre pays est fertile aujourd'hui en ce genre de belles actions.

« Un journalier sans ouvrage, le nommé Leclère, qui n'avait dans sa poche que 20 centimes, trouve un portefeuille contenant 10,000 fr. Il se hâte d'acheter avec les 20 centimes qui lui appartiennent un morceau de pain qui l'empêche de mourir de faim, et court rendre les 10,000 fr. au sieur T..., économe d'un établissement rue des Postes, qui les avait perdus. La probité de Leclère a été généreusement récompensée, et ce brave homme a sur-le-champ trouvé de l'ouvrage. »

« Un jeune ouvrier, sortant du théâtre du Cirque, ramassa sur son chemin un porte-monnaie contenant une assez forte somme en or. Au lieu de porter sa trouvaille chez le commissaire de police de son quartier, il la dissipa en parties de plaisir, et ne s'arrêta que lorsque tout fut épuisé.

» Cependant, le jeune homme ne tarda pas à éprouver des remords, en songeant que la somme qu'il avait si follement dépensée eût pu être employée utilement par la personne qui l'avait perdue, et que peut-être cette personne se trouvait dans un grand embarras. Aussitôt il prit la résolution de travailler courageusement et de vivre de privations jusqu'à ce qu'il eût réparé le mal en gagnant l'argent dissipé.

» Cette résolution, le jeune ouvrier a eu la fermeté de l'accomplir. Il a remis dans le porte-monnaie le nombre exact de pièces d'or qu'il en avait retirées, et il a laissé ce porte-monnaie entre les mains du curé de la paroisse de Saint-Joseph, qui s'est empressé de le déposer à la préfecture de police.

» Courageux exemple, et qui répare noblement la faute. Se relever ainsi, c'est se grandir. »

Mais voici qui est encore plus beau, et qui révèle le grand sentiment de probité qui est au fond de toute âme française :

« C'était à la retraite de Moscou. Au moment où l'armée était forcée d'abandonner ses fourgons et voitures, le général, alors colonel du 18e, arrive au bivac, fait ouvrir les caissons du régiment et fait compter la caisse militaire : « Elle renfermait 120,000 fr. en » or, dit-il. J'en fis plusieurs parts. Chacun » des officiers, sous-officiers et soldats, re» çut une petite somme, en promettant de » ne pas abandonner ce dépôt confié à son » honneur, et de le remettre à un camarade » s'il venait à succomber. Grâce aux soins » du capitaine Berchet, payeur du 18e, grâce » à l'honnêteté de mes braves camarades, » les 120,000 fr. furent remis en caisse » après la campagne. » Chaque mourant (et ils furent nombreux, le régiment fut presque détruit et réduit à une cinquantaine d'hommes) avait pensé à remettre le dépôt « au camarade qui survivait. »

Il est malheureusement un sentiment qui tend à se glisser dans les âmes, c'est que la probité n'est pas chose si sacrée qu'on le dit, que le vol exercé en grand est chose tant soit peu de mode, qu'il y a dans les villes, par exemple, bien des hommes qui sont devenus riches par des moyens auxquels la conscience pourrait bien trouver à redire. Croyez-moi, ne vous y fiez pas. Le juge vous guette, et le glaive de la loi touche déjà le coin de votre épaule; de plus, toujours l'œil de Dieu est ouvert sur vous. Enfin, il n'y a pas tant de gens qu'on le pense qui ont donné un coup de couteau dans la probité. On peut devenir riche et rester parfaitement honnête, comme on peut dépenser son bien en faisant plus d'une bassesse. Du reste, la probité ne dépend de personne, ni des exemples ni des paroles de qui que ce soit. La probité, une main pure, c'est un cœur qui ne veut posséder que ce qui est à elle, et qui dit toujours : L'honneur avant tout.

Il ne sera pas inutile d'ajouter à ce chapitre un mot sur la manière de remplir un devoir grave dans la vie, c'est-à-dire l'office de témoin, quand l'occasion s'en présente.

Rendre témoignage, savez-vous que c'est chose très-sérieuse. D'abord, il y a le serment : le serment prêté devant Dieu, de dire toute la vérité, rien que la vérité, la vérité dût-elle nuire à votre ami, à votre père, à vous-même. On voit des personnes qui sont embarrassées et qui ont l'air de se demander : « Mais, que dirai-je? Je ne sais pas ce que je dirai. » Ce que vous savez, donc.

Voilà tout. D'autres se font faire leur témoignage et apprennent leur leçon comme un enfant du catéchisme. Je ne parle pas de ceux qui font de leur témoignage métier et marchandise : ce sont des scélérats. Il ne faut pas mériter le reproche que l'on faisait à certains Normands. On leur demandait : « — Que faites-vous? Quel est votre état? — *Je témoignons*, » répondaient-ils.

Il est une chose que l'on oublie, c'est que l'on est responsable de tout le tort causé par un faux témoignage ou par un témoignage incomplet : on doit tout réparer de sa bourse. De plus, il y a des peines portées par la loi : il y a de la prison. Un faux témoin est vite découvert. Vous êtes malin, mais, croyez-le, un juge est encore plus malin que vous, et sait si bien tourner et retourner son homme, qu'il finit par voir, ne fût-ce que dans ses yeux, qu'il ne dit pas la vérité. Il vous fait une question qui n'a l'air de signifier rien du tout; puis, il parle d'autre chose, et, tout à coup, il vous met en contradiction. Puis, voilà de la honte, si ce n'est un châtiment, et pour tous vous n'avez plus qu'un nom : faux témoin.

Un jour, un bon vieillard était cité devant un tribunal; comme il s'agissait de déposer contre un homme riche et redouté, la peur le fit dévier au commencement. Il ne disait pas la vérité. Mais bientôt il se trouble, il balbutie; puis, tombant à genoux devant le crucifix et devant les juges, il s'écrie : « Pardon, mon bon Dieu; j'ai dit un faux témoignage. » Quelques auditeurs voulurent rire de sa loyauté; le président leur imposa silence d'un regard sévère et ajouta : « Il y a ici des gens qui rient et qui ne seraient pas capables d'en faire autant. C'est bien, mon brave homme, je m'étais aperçu que vous ne disiez pas la vérité; mais, soyez tranquille, vous ne serez pas inquiété. Vous êtes un honnête homme. » C'était, en effet, se très-bien racheter pendant qu'il en était encore temps.

CHAPITRE XI.

ÉCONOMIE. — CABARETS.

Sur ce point on tombe souvent, à la campagne, dans l'une ou l'autre extrémité. L'un est trop économe, ce qui veut dire simplement avare; l'autre dépense le revenu, le capital, et au delà... Oh ! c'est à la campagne qu'on voit la passion de l'argent, on y adore la matière, la pièce de monnaie, on y adorerait le centime ; demandez un sou à tel homme, vous lui faites mal, il aimera même mieux vous donner un morceau de pain qui en vaut quatre, tant il tient aux espèces. Aussi il faut le voir; il se prive, il travaille, il prive les siens. Il trouve toujours qu'on dépense trop; il faut voir les économies qu'il réalise, il fera deux lieues pour aller chercher pour deux sous de clous, parce qu'il en aura à la ville une demi-douzaine de plus ; sa femme met du bois dans le feu d'un côté, il l'en retire de l'autre. L'avarice le rend cruel et lui fait même perdre toute pudeur. Les feuilles publiques citaient dernièrement ce trait :

« Un homme avare comme un vieux garçon qu'il était, perdit sa sœur qui lui laissait une belle succession ; mais ce n'était pas assez, l'enterrement de la défunte allait lui coûter de l'argent, et il voulait réaliser une économie. Or, il avait chez lui quelques vieilles planches pourries, il trouva que c'était bien assez bon pour lui faire une dernière demeure ; ce fut donc son cercueil ; mais voilà qu'au milieu du chemin le cercueil se brise, le malheureux cadavre roule dans la boue, et l'homme n'en est pas le moins du monde ému, il n'en voulait pas fournir un autre; il a fallu que la police correctionnelle lui infligeât de la prison, et, chose plus redoutable pour lui, une amende, afin de le rappeler à la décence, à un sentiment d'humanité. »

Quand je parle de la nécessité de l'économie, bien entendu que je ne parle pas de cette misérable passion qui rend l'homme si haïssable; mais je veux parler de la nécessité de ne pas faire de dépenses inutiles, de songer un peu à l'avenir, de ne rien gaspiller et de prendre soin des petites choses. A la campagne, ce n'est que par là que l'on conserve son petit avoir et que l'on peut l'augmenter.

Un cultivateur allait un jour à travers la campagne avec son petit garçon, qui s'appelait Thomas.

« Tiens, dit le père, en traversant un de ses champs, voici par terre le fer d'un cheval; ramasse-le.

— Oh! répondit Thomas, ce n'est pas la peine de se baisser pour cela. »

Le père prit sans rien dire le fer, et le mit dans sa poche. Au premier village qu'il rencontra, il vendit le fer à un maréchal pour quelques sous, et acheta avec l'argent des cerises.

Notre homme continua sa route avec son

fils. Le soleil était très-chaud ; il n'y avait à deux lieues à la ronde ni maison, ni arbre, ni fontaine. Thomas se mourait de soif et ne pouvait suivre son père.

Alors celui-ci laissa tomber une cerise comme par mégarde. Thomas la ramassa comme si c'était de l'or, et la porta sur-le-champ à sa bouche. Quelques pas après, le père laissa tomber encore une cerise. Thomas se baissa encore avec le même empressement ; et petit à petit le père laissa tomber toutes les cerises.

Lorsque la provision fut épuisée, et que Thomas eut mangé la dernière cerise, son père se retourna en riant et lui dit :

« Vois-tu, Thomas, si tu t'étais baissé une fois pour ramasser le fer, tu n'aurais pas été obligé de te baisser cent fois pour ramasser les cerises. »

Il y a deux choses surtout qui appauvrissent nos campagnes, qui mettent les corps dans la gêne et jettent les âmes sur le chemin du vice : le luxe et le cabaret ; voilà une affreuse source de ruine. Autrefois la simplicité dans la toilette régnait au village, on portait la veste et la jupe de son père et de sa mère, même de son aïeul. Aujourd'hui nous sommes bien loin de là ; un des grands désirs de l'habitant des campagnes, c'est de se déguiser en bourgeois et en bourgeoises autant que possible, et comme à la ville la mode change, il faut changer aussi à la campagne; de là des dépenses inutiles, folles; de là des dettes chez les fournisseurs, des emprunts, la gêne, si ce n'est la ruine.

Mais que dire du cabaret? Voilà la plaie, la peste, le choléra de nos campagnes; que voulez-vous faire d'un homme qui fréquente le cabaret? Il n'a pas toute sa raison la moitié du temps; l'autre moitié, il est tyrannisé par la passion de boire qui l'entraîne sans cesse vers ces lieux de perdition. La chose est si grave que la jeune fille qui va se marier devrait se dire : Le jeune homme va-t-il quelquefois au cabaret, est-il à craindre qu'il n'y aille plus tard? Oui! Eh bien, jamais il ne sera mon mari; pour mon mari je veux un être libre et qui s'appartienne; je veux un être bon qui m'aide à nourrir et à instruire mes enfants; celui-ci ne sera jamais tout cela, il me rendra malheureuse et je ne devrai m'en prendre qu'à moi-même.

On dira : C'est vrai, mais l'habitude est contractée, que faire pour se corriger? c'est impossible. Non. La preuve, c'est que cela s'est vu chez des hommes même qui avaient coutume de s'enivrer et qui se sont corrigés. Pour cela, il faut de la volonté et un peu de cœur, et c'est assez. — Encore un trait...

« C'était un peintre en bâtiment, un bon ouvrier, pourtant, qui, marié à une femme courageuse et active, pouvait, avec le produit de ses journées, entretenir l'aisance dans son ménage en même temps que se préparer des ressources pour l'avenir. Par malheur, notre homme fréquentait le cabaret ; et adieu le bien-être, adieu la sécurité, récompense du travail et de la conduite régulière ! Après une semaine, après une quinzaine de labeurs assidus, il se laissait entraîner, et c'étaient huit jours de paresse, de fureurs, de désordres. Puis, l'ivresse passée, venaient l'impatience du trésor et de la honte, la conscience de son abaissement, de sa lâcheté, du scandale qu'il avait donné ; huit jours encore passés dans le découragement, dans l'abattement d'un repentir sincère, mais stérile. Telle fut la vie du malheureux pendant douze ans, et je vous laisse à penser quelle devait être auprès de lui celle de sa femme et de son enfant ; car cette détestable passion de l'ivresse n'a pas seulement pour résultat inévitable la dégradation et le malheur de ceux qui s'y livrent, elle fait le tourment de leur famille, victime de l'égoïsme de son chef, qui sacrifie tout à son vice, et trop souvent encore aggrave par ses brutalités les misères dont il est cause.

» Il y a un peu plus d'un an, la femme du

peintre recueillit une pauvre sœur à elle, restée veuve, sans ressource aucune, et qui se mourait de la poitrine avec la pensée douloureuse qu'elle laisserait orpheline une petite fille de onze ans. Elle n'osait dire à sa sœur : « Prends ma fille, et sers-lui de mère quand je n'y serai plus. » C'était imposer à sa sœur une charge nouvelle, et peut-être exposer l'enfant aux emportements du mari, alors qu'il rentrerait, la tête exaltée par le vin ou l'humeur aigrie, après avoir dissipé en libations coupables le pain de toute une semaine. Mais les prières de l'infortunée, unies à ses souffrances, devaient attirer les bénédictions de Dieu sur cette famille où, dans sa détresse, elle avait trouvé une hospitalité cordiale de la part de son beau-frère lui-même.

» Oui, malgré ses égarements, il y avait du bon chez cet homme, il se montra compatissant pour la malade, et il accueillit avec bienveillance et respect le saint prêtre qui venait apporter à la mourante les consolations de la religion. Un jour même que la pauvre mère serrait sa fille dans ses bras et semblait lui dire, en la couvrant de baisers et de larmes, un adieu plein d'anxiété, l'ouvrier lui prit la main et, d'une voix attendrie, il lui dit : « Louise, ne vous chagrinez pas pour l'avenir de la petite ; ma femme et moi nous en prendrons soin, nous l'adoptons par avance, et, tenez, je vous le jure ici, je renonce pour jamais à la boisson ; l'argent que je perdais à m'enivrer suffira, et au delà, pour nourrir l'enfant. — Merci, frère, dit la mourante, merci pour cette bonne parole qui, je le vois à vos regards, est sérieuse. A présent, je mourrai tranquille : que Dieu vous bénisse et vous récompense ! ma dernière prière sera pour vous. »

» Quelques jours après, le lit était vide, l'enfant pleurait après avoir vu le cercueil sortir de la mansarde. Sa tante l'attira sur son cœur en lui disant : « Du courage, chère petite ! oh ! va, je t'aimerai pour deux, et le père aussi ; n'est-ce pas, mon ami ! — Oui ! oui ! répondit celui-ci tout en essuyant de grosses larmes ; je l'ai dit, femme, et je ne m'en dédis pas. Au diable la bouteille ! Je l'ai juré à la défunte comme au prêtre ! »

» En effet, lorsque l'ecclésiastique était venu pour assister la malade, l'ouvrier avait voulu renouveler devant lui, de la manière la plus irrévocable, son serment : « Je vous donne tout pouvoir sur moi, monsieur l'abbé, avait-il dit ; si vous apprenez jamais que je suis retombé dans mes anciennes fautes, faites-moi venir et grondez-moi sévèrement. »

» Mais, grâce à Dieu, jusqu'ici il n'a pas été besoin de rappeler au brave ouvrier sa promesse. Depuis plus d'une année, resté inébranlable, il donne l'exemple de la sobriété comme de l'exactitude au travail. Il a rayé définitivement le *Lundi* de ses jours fériés; en un mot, il est corrigé. Sa femme, aujourd'hui, en se rappelant les jours passés, qui lui semblent un mauvais rêve, goûte doublement son bonheur. Le mari non plus ne se trouve pas à plaindre; tous les jours au contraire il se félicite, et ne se lasse pas de répéter à sa femme attendrie: « Et moi qui pensais faire un sacrifice en renonçant au cabaret. Aurais-je cru qu'une fois mon parti pris, la chose serait aussi facile et que j'en serais récompensé au centuple? Vrai, un marché d'or! Quel dommage seulement d'avoir à regretter tant d'années perdues! Ah! chère femme, combien faut-il que je t'aime à présent pour te dédommager du passé! Et toi, petite fille, viens que je t'embrasse pour ta pauvre mère qui nous voit, je l'espère, de là-haut. »

CHAPITRE XII.

LE DIMANCHE.

Nous avons souvent, très-souvent, parlé du dimanche ; parlons-en encore. Il y a tant à dire sur ce sujet.

Le dimanche est si bon pour les habitants des campagnes, il commande le repos ; au lieu d'en jouir, quelques-uns aiment mieux se tuer le corps et se justifier par de misérables raisons.

« Il y a un fort sot dicton qui court les rues, qui a été semé à profusion, et qui a germé avec la facilité qu'on a de reproduire toutes les inepties. Ce dicton, le voici : « On mange tous les jours : donc il faut travailler tous les jours, le dimanche comme les autres. »

» Il y aurait quatre-vingt-dix-neuf bonnes raisons à donner pour prouver que cela n'a pas le sens commun. Mais ce serait un peu long, et mes lecteurs m'ont dit plusieurs fois qu'ils aimaient qu'on fût bref. Je me contenterai donc de trois raisons.

» Ma première raison, c'est que *qui prouve trop ne prouve rien*. Ainsi, s'il fallait ne manger que les jours où l'on travaille, il faudrait supprimer, pour l'ouvrier, non-seulement le repos du dimanche et des fêtes de l'Eglise, mais celui des fêtes publiques, celui des fêtes de famille, des fêtes de corps d'état, en un mot tout ce qui donne un peu de joie et de satisfaction à l'ouvrier. — Toutefois, si l'on supprimait une certaine fête qui s'appelle la *Saint-Lundi*, et qui se célèbre très-dévotement toutes les semaines à la barrière, à la guinguette et au cabaret, j'y souscrirais volontiers, et les femmes de ménage seraient toutes de mon avis. Mais c'est un hors-d'œuvre, et je reviens à mon sujet. — Si donc on ne devait manger que les jours où l'on travaille, l'ouvrier ne serait plus un homme libre, mais un pauvre esclave, attaché à son rabot, à sa scie, à sa machine. — Il n'aurait pas un jour de répit, pas vingt-quatre heures pour se croiser les bras, se détendre les muscles et pour respirer l'air. Car tous les jours on mange..... Serait-ce tenable, mes bons amis ? Quant à moi, tant qu'on ne nous aura pas fait des bras et des jambes d'acier, des poitrines solides comme celles d'une locomotive, et une cervelle à l'avenant, je protesterai de toutes mes forces contre cette prétention, au nom de votre bien-être, de votre santé, de celle de vos femmes, de vos mères, de vos enfants.

» *Seconde raison.* S'il n'y a point de rapport absolu entre la paye de *chaque* jour et la nourriture de *chaque* jour, il y en a un fort intime entre l'*ensemble du salaire* et l'*ensemble de la nourriture* de l'ouvrier. Car il faut de toute nécessité que l'ensemble du travail de l'ouvrier le nourrisse, bon an mal an, sans quoi il meurt de faim, ou quitte son métier. Or, si dans toute l'année prise en bloc, l'ouvrier se repose un jour par semaine, force sera bien de répartir entre les autres jours la masse générale des salaires, et alors voici ce qui arrivera. — L'ouvrier travaillera six jours ; mais, comme il *faut* qu'il mange *chacun* des sept jours, dans ces six jours il gagnera pour sept. Son estomac n'en pâtira donc pas ; mais ses forces y gagneront ; car le jour du repos retrempera son énergie physique, en même temps que son énergie morale. C'est ce qui arrive en Angleterre, en Amérique, dans ces pays de rudes piocheurs, où on abat de la besogne, je vous le promets, pendant la semaine, mais où l'on se repose le dimanche. — Si au contraire l'ouvrier travaille sept jours pleins, la loi dure de la concurrence, qui ne pèse sur l'ouvrier que parce qu'elle pèse d'abord sur le maître, baissera d'un septième le prix des salaires, et la faim du travailleur n'en sera pas mieux satisfaite.

» *Ma troisième raison,* enfin, c'est que pour bien travailler, il faut se reposer à heures et à jours fixes. Un ouvrier veut-il rester vigoureux, capable de faire de l'ouvrage, il faut qu'il commence par bien ranger sa vie, par fixer ses heures de lever, de coucher, de repas ; sans cela, s'il travaille par bourrasque (sauf les cas impérieux où la besogne commande), il ne fait pas plus en somme, mais il se fatigue davantage. Il fait comme ces voyageurs inexpérimentés qui, au lieu de marcher d'un pas égal et soutenu, avancent par saccades et peinent bien plus. Or, ce que l'ouvrier doit faire pour chaque jour, il doit aussi le faire pour la semaine ; et, l'expérience le dit, tout compte fait, à la fin de l'année, il aura fait autant et peut-être plus de besogne en se reposant tous les sept jours qu'en travaillant sans intervalles, car sa santé aura été plus vigoureuse, et ses bras plus nerveux (1). »

Rien ne fera mieux comprendre ce que c'est qu'un dimanche bien ou mal sanctifié, que le récit de la manière dont la chose se passe dans un hameau du Midi.

(1) Extrait des *Petites Lectures*.

LE DIMANCHE AU HAMEAU.

Il est, dans nos villages, deux camps opposés : l'église et la chambrée. Il me fut donné, un dimanche, de les étudier l'un et l'autre le même jour. Au lieu de vous redire mes impressions, j'aime mieux essayer de les reproduire en vous, hommes trop souvent inattentifs au progrès du *bien* et du *mal*, partant au bonheur ou au malheur des populations qui s'agitent, vivent et meurent autour de vous.

Dès le matin, la cloche paroissiale avait convié au pied des saints autels les âmes qui prient, qui sont heureuses de prier. Arrivé dès la veille au village de C..., je me rendis à cet appel. Déjà les pères de famille avaient pris place sur ces bancs vénérés, où s'assirent leurs aïeux. Que de sens, que d'expérience en ces hommes, mûris par les labeurs et par les vertus d'une vie humble, mais utile ! Successivement, quelques-uns de leurs fils, que bénit en passant un sourire paternel, occupèrent les deux côtés du sanctuaire. Où étaient les autres? Je vous le dirai sous peu.

Leurs femmes, suivies de leurs filles, se rangèrent en silence dans l'unique nef, dominée par l'autel et par la chaire, ces deux foyers de notre civilisation : l'*autel*, où s'immole et réside l'Agneau divin, le Dieu qui sera parmi nous jusqu'à la consommation des siècles; la *chaire*, d'où descend la parole qui éclaire, reprend avec douceur, et console, c'est-à-dire, sert tous les besoins de l'esprit et du cœur.

Un instant après, le bon curé, précédé de petits enfants en aubes blanches, commença le sacrifice. Tous les fronts s'inclinent, tous les genoux fléchissent, et des lèvres émues s'échappe l'encens le plus suave que l'homme puisse offrir à son Dieu, l'accent du repentir, de l'adoration et de l'amour.

La lecture de l'Évangile fut suivie d'une simple et touchante homélie. J'avais écouté, à Paris, l'éloquence des Lacordaire, des Deplace, des P. Félix, des Combalot. La parole qui vint ici frapper mon oreille, allait, ce me semble, droit à mon cœur, sans se soumettre à l'orgueil de ma raison.

Oh ! que je plains les peuples d'avant la Croix pour n'avoir pas connu cet admirable ministère du sacerdoce chrétien. Le prêtre du polythéisme n'était qu'un égorgeur de victimes. Le prêtre catholique est un conseiller, un maître, un médecin moral, un père.

L'office fini, je sortis au milieu de l'assistance calme et tout occupé de hautes et salutaires pensées, et je m'arrêtai pour observer encore devant une maison voisine, d'où j'entendais sortir des voix moins douces que les chants religieux, que l'écho semblait redire encore. Quelques jeunes gens passèrent près de moi.

— Eh bien! dit l'un d'eux, comment avez-vous trouvé, hier au soir, ce vin vieux? Si nos pères et nos mères gagnaient ainsi en vieillissant, quel plaisir!

Un gros et niais éclat de rire applaudit à ce trait d'esprit.

— Ce qui nous console, c'est qu'il n'est pas difficile de nous jouer de leurs précautions, comme de leurs conseils.

— Et puis, M. le curé nous rend service, reprit un autre, qui voulut sans doute renchérir; il les tient à l'église longtemps, longtemps, nos mères aussi, et... l'on en profite. Quant à nos sœurs, c'est autre chose : que font-elles à l'église? N'est-on pas jeune pour s'amuser?

— Et amuser les autres aussi?...

Celui qui lâcha ce mot insolent s'aperçut que j'écoutais, et sur un signe qu'il fit, ils entrèrent dans une salle basse où retentissait, depuis quelques moments, le choc des verres et des propos gaillards.

Devant moi s'étendait la place du hameau d'où une longue échappée de vue portait le regard jusqu'à une vaste colline, revêtue de vignes et couronnée d'un magnifique bouquet de chênes. Je pris mon *album* et commençai le croquis de ce charmant pays; mais ma pensée n'était pas là... Je continuai mon étude de mœurs.

— Eh! avez-vous fait, à l'église, la prière pour l'Empereur, s'exclama un vieux paysan à la face bourgeonnée à quelques jeunes initiés, qui semblaient faire leur première entrée.

Cette brusque apostrophe souleva un rire homérique, comprimé bientôt par une tirade de rude démocratie. — Applaudissements.

— Et vos sœurs, vos cousines, continua le Démosthène en bonnet de coton, quand donc nous les faites-vous connaître?

L'un des jeunes gens rougit et fit un geste indigné. Je crus qu'au nom de la nature au moins il allait repousser l'injure. Son courage expira sous les bravos réitérés de la hideuse assistance.

— Vous ne manquerez pas, dit une autre voix qui glapit à mon oreille, d'aller faire la bienvenue à M. le préfet, à M. le sous-préfet, à leurs gendarmes, à toute la séquelle de ces *mangeurs*.

Un hourrah répondit à la question politique.

— Ah ! si j'étais préfet ou ministre, dis-je en moi-même, je dispenserais bien les Chambres de se mettre en frais de respect pour l'autorité. Dans l'intérêt des mœurs, de la religion, de l'ordre social, de tout notre avenir, j'étoufferais ces foyers d'immoralité et de désordre.

— Jouons et buvons ! s'écria avec un juron énergique un autre assistant qui, sans doute, n'était pas plus riche en éloquence qu'un feu duc de réjouissante mémoire.

— Jouons ! buvons ! répétèrent mille cris confus.

— Eh ! as-tu des piastres?

— Tiens ; et une grosse main s'ouvrit pour laisser voir cinq ou six pièces d'argent.

— Et en as-tu laissé quelques-unes à ta femme et à tes enfants? dit son voisin, en qui l'abrutissement semblait n'être point encore descendu si bas.

— Ah ! ah ! est-ce que tu es curé, toi ?... Ma femme et mes enfants en trouveront s'ils veulent manger. Merci de tes sermons.

— Et Robert, demanda un autre, a-t-il du pain, depuis dix jours qu'il s'est cassé la jambe ?

— Pourquoi se la cassait-il ? Laisse-nous donc boire et jouer tranquilles.

Je m'éloignai le cœur froissé, le front pâle de colère. Un instant, je fus sur le point d'entrer dans la chambrée, et la parole n'eût pas fait défaut à l'horreur dont j'étais pénétré. Mais qu'aurais-je fait à des âmes insensibles à la parole, aux vertus d'un digne pasteur et aux honorables exemples de quelques familles fidèles encore aux bons principes ?

Pour calmer mes sens émus, j'eus besoin, après le dîner, de rentrer à l'église, au moment où l'office du soir allait commencer. Le curé parlait aux jeunes filles, réunies dans une chapelle latérale. Il leur parlait du modèle ineffable de la *femme*, de la Vierge, mère de l'Homme-Dieu ; et, sans doute, à son insu, il se rencontra plus d'une fois avec ce coupable écrivain, qui, naguère, voulant offrir le tableau complet de la beauté morale de la femme, n'a pas cru pouvoir faire mieux que de commenter les touchantes invocations connues sous le nom de *Litanies*.

Les jeunes filles écoutaient, le front serein et la bouche souriante, les paternelles exhortations du ministre de Dieu.

Puis, vint le tour des mères qui assistaient à cette réunion.

Les vêpres finies, le bon curé adressa encore, du haut de la chaire, de sages conseils à toute l'assistance. Il parla des devoirs envers Dieu, envers le souverain et ses représentants, envers les chefs de famille, des peines de cette vie, des vertus qui en allégent le poids, et des récompenses futures.

Tout était paisible, tout semblait heureux dans cette modeste assemblée, n'eût été l'affliction causée, dans presque toutes les familles, par la maudite *chambrée*.

Espérons que la bonté de Dieu et la sagesse du pouvoir délivreront nos campagnes de ce fléau, pire que l'ouragan de la peste.

FIN.

TABLE DES MATIÈRES

DE LA DEUXIÈME PARTIE.

FIN DE LA TABLE DES MATIÈRES.

Imprimerie de L. Toinon et Cie, à Saint-Germain en Laye.

www.ingramcontent.com/pod-product-compliance
Ingram Content Group UK Ltd.
Pitfield, Milton Keynes, MK11 3LW, UK
UKHW020917180726
13838UKWH00002B/593

9 782329 373027